Bio Chemistry

만화로 쉽게 배우는 생화학

저자 / 다케무라 마사하루(武村 政春)

BM (주)도서출판 성안당

일본 옴사 · 성안당 공동 출간

만화로 쉽게 배우는 생화학

Original Japanese edition
Manga de Wakaru Seikagaku
By Masaharu Takemura and Office Sawa
Copyright ⓒ2009 by Masaharu Takemura and Office Sawa
Published by Ohmsha, Ltd.
This Korean Language edition co-published by Ohmsha, Ltd. and
Sung An Dang, Inc.
Copyright ⓒ2009~2024
All rights reserved.

머리말

이 책은 「생화학」에 쉽게 친숙해질 수 있도록 만화를 통해 생화학의 세계를 소개하는 생화학 입문서입니다. 생화학이란 생명현상을 화학적인 방법을 통해 규명하고자 하는 학문입니다. 그것은 우리들 생물의 몸이 어떤 물질로 이루어져 있는지부터 시작해서 세포 안에서 어떤 화학반응이 일어나고 있는지, 살아있다는 것은 화학적으로 어떻게 설명할 수 있는지와 같은 의문들에 답하는 학문이라고 바꿔 말할 수 있습니다.

19세기가 끝날 무렵부터 20세기에 걸쳐 의학·영양학·농학·생물학 등 각각의 분야에서 일어나는 현상들을 화학적으로 연구하려는 움직임이 활발해지고, 다양한 분야에서 생화학적 지식이 축적되기 시작했습니다.

오늘날의 생화학은 이렇게 서로 다른 분야에 걸쳐 있는 생화학적 지식의 총집합이라고 할 수 있습니다. 응용목적은 달라도 그 기초가 되는 사고방식(생명현상을 화학적으로 해명하는 것이야 말로 중요하다는 생각)은 같습니다.

그러므로 이 생화학은 의학·치학·약학·농학·영양학·간호학 그리고 생물학 등 인체와 생명현상을 조금이라도 다루는 분야에서 활동하고자 하는 모든 이들이 반드시 배워야만 할 학문입니다.

그 모든 생명과학계열의 기초가 되는 생화학 중에서 가장 필수적으로 파악해 두어야 하는 중요한 부분을 만화로 쉽게 설명한 것이 바로 이 책입니다. 그렇기 때문에 생화학 강의나 생물화학·의화학·영양학 같은 강의에서 참고서나 부교재로 꼭 활용해 주셨으면 좋겠습니다. 물론 고등학생 여러분들도 이런 분야에 흥미가 있다면 충분히 읽어 나갈 수 있습니다.

머리말

위와 같은 입장에서 책을 썼기 때문에 이 책에는 생화학 이수에 필요한 최소한의 지식이 담겨져 있다고 생각합니다. 하지만 실제로는 그 구성방법에 있어서 이제까지의 생화학 책들과는 조금 차이가 있습니다. 예를 들어 일반적인 생화학 교과서에서는 제일 먼저 생체 구성물질(당질·지질·단백질 등, 생물의 몸을 만들고 있는 물질)을 모아서 기술하고 있는데 비해, 이 책에서는 각 물질들에 관한 이야기를 관련항목 속에 집어넣어, 독립된 생체 구성물질에 대한 장을 따로 만들지 않았습니다. 그 이유는 각 생체 구성물질의 성분과 그 작용을 기술하는 데 보다 일체성을 가지기 위해서이며, 그러는 편이 첫 부분에 한 번에 모아서 학습하는 것보다 이해하기 쉬울 것으로 생각했기 때문입니다.

또한 제3장에 「생활 속의 생화학」이라는 내용을 두어 생화학을 학습하는 의의를 생각할 수 있게 하는 한편, 좀더 실생활에 밀접한 주제를 통해 생화학에 대한 흥미를 불러일으킬 수 있도록 했습니다.

이 책은 다이어트에 관심을 가진 여고생 쿠미 양이 주인공입니다. 이러한 설정은 제 자신이 농학계 학부인 영양화학연구실 출신이라는 점과 관계가 있습니다. 일상생활 속에서 크게 관계되는 생화학이라고 한다면, 역시 최근 비만이 사회적 문제로 대표되는 것처럼 영양과 건강을 다룬 것이 중심이 됩니다. 따라서 이 책의 내용도 음식이나 영양 등과 관계가 깊은 것들이 많습니다.

물론 생화학에서 배우는 것은 생명과학계 학문의 기초가 되기 때문에, 앞서 기술한 학문들을 공부하는 모든 사람들에게 이 책은 분명 도움이 될 것입니다.

이 책의 원고를 완성하는 데 있어, 지질생화학 전문인 후루이치 유키오(右市幸生) 선생님(미에대학 명예교수, 現 나고야여자대학 교수)과 생화학·분자생물학 전문이신 요시다 쇼넨(吉田松年) 선생님(나고야대학 명예교수, 現 나고야공립병원 면역세포요법 센터 고문)께서는 원고 혹은 시나리오 단계에서 전문을 체크해 주셨습니다. 후루이치 선생님은 저의 졸업논문을, 그리고 요시다 선생님은 저의 박사논문을 지도해 주셨던 은사이십니다. 바쁘신 중에 교정을 맡아 주신 두 분 선생님께 이 자리를 빌려 깊은 감사의 말씀을 드립니다.

또한 렉틴 블로팅의 데이터를 제공해 주신 대학시절 선배인 나가하마 바이오대학의 가메무라 가즈오(龜村和生) 선생 및 바이오대학 대학원생 오가와 미츠타카(小川光貴) 씨, 전작인「만화로 쉽게 배우는 분자생물학」에 이어 수고해 주신 옴사 개발국 여러분, 재미있는 시나리오와 만화를 만들어 주신 오피스 sawa의 사와다 사와코(澤田佐和) 씨 및 만화가 기쿠야로(菊野郎) 씨 그리고 무엇보다도 이 책을 선택해 주신 독자 여러분에게 이 자리를 빌려 깊은 감사의 말씀을 전합니다.

Masaharu Takemura(武村 政春)

추천의 글

이공계 진학을 목표로 하는 고등학생의 상당수가 「생물Ⅱ」과목을 수강한다. 「생물Ⅱ」과목에서 가장 어려워하고 이해를 못하는 단원이 '물질대사'이다.

식물의 광합성이란 엽록체에서 빛에너지를 이용하여 포도당을 만드는 과정, 세포 호흡이란 미토콘드리아에서 포도당이 산화되어 에너지를 얻는 과정이라고만 배웠는데 '물질 대사' 단원에서는 광인산화, 칼빈 회로, 해당과정, TCA 회로(시트르산 회로), 전자전달계 등의 낯선 용어가 나오면서 무척이나 생소하고 많은 물질들이 등장한다. 이쯤 되면 학생들은 선생님이 설명을 하여도 거의 포기 상태이거나 외우려고만 한다.

이 책은 광합성과 세포 호흡이 왜 일어나는지 어떤 과정을 거쳐 일어나는지 단계별로 차근차근 설명하고 있으며, 무엇보다 다이어트를 원하는 예쁜 여학생과, 그 여학생을 좋아하는 남학생, 그리고 멋진 여교수가 등장하여 대화식으로 어렵고 힘든 용어, 개념을 쉽게 풀어나가고 있다. 무릇 공부란 무조건 외우는 암기가 아니라 서로의 상관관계를 이해할 때 저절로 외워지는 것이라 생각한다.

또한 이 책은 우리 몸을 구성하는 단백질, 지방, 탄수화물의 분자구조와 종류 등을 알기 쉽게 설명하고, 체내에서 어떤 과정을 거쳐 산화하거나 저장되는지에 대해 자세히 설명하고 있다. 특히, 다이어트를 하기 위해서 섭취한 에너지양보다 소비한 에너지양이 많아야 한다는 것을 과학적으로 설명하고 있어 어떻게 하면 다이어트를 할 수 있는지에 관한 비법을 담고 있다. 그리고 최근의 생화학 연구 동향을 설명하고 있어 생화학 공부를 시작하려고 하는 대학생들에게도 좋은 필독서가 될 것이다.

이 책을 한장 한장 읽으며 어려운 생화학을 이렇게도 쉽게 풀어낼 수 있다는 것에 감탄하였다. 생명과학을 공부하려는 이들과, 다이어트를 원하는 이들에게 꼭 권하고 싶다.

오현선(서울 사대부고)

차례

프롤로그

다이어트 비법서, 생화학 13

제1장

몸속에서 일어나는 일

1. 세포의 구조 28
   ◆ 세포의 특징이란? 30
2. 세포 안에선 무슨 일이 일어나고 있을까? 32
   ◆ 단백질의 합성 33
   ◆ 물질대사 34
   ◆ 에너지의 생산 36
   ◆ 광합성 38
3. 세포는 많은 화학반응이 일어나는 장소 40
   ◆ 단백질 합성의 생화학 41
   ◆ 물질대사의 생화학 43
   ◆ 에너지 생산의 생화학 44
   ◆ 광합성의 생화학 46
4. 생화학을 위한 기초지식 50
   ◆ 원소에서 생체고분자로 50
   ◆ 생화학의 키워드 51

제2장

광합성과 호흡

1. 물질은 순환한다	54
◆ 생태계와 물질순환	54
◆ 물질순환이란?	57
◆ 탄소순환	59
2. 광합성의 메커니즘을 이해하자!	62
◆ 식물의 중요성	62
◆ 엽록체의 구조	63
◆ 광합성의 메커니즘 ~ 명반응 ~	64
◆ 광합성의 메커니즘 ~ 암반응 ~	71
3. 호흡의 메커니즘을 공부하자!	74
◆ 탄수화물이란?	74
◆ 당질의 이름은 '~오스'가 많다	77
◆ 왜 단당은 환상구조를 하고 있는가?	77
◆ 왜 우리는 호흡을 해야 할까?	78
◆ 호흡은 포도당을 분해하여 에너지를 만드는 반응	80
◆ 키워드① 해당과정에서 포도당을 분해	82
◆ 키워드② 시트르산 회로(TCA 회로)	85
◆ 키워드③ 전자전달계에서 에너지를 대량생산!	88
◆ 광합성과 호흡 ~ 총정리 ~	93
4. 에너지 화폐·ATP	96
5. 당질(단당)의 형태	98
6. CoA란 무엇일까?	100

제3장

생활 속의 생화학

1. 지질과 콜레스테롤   102
   - ◆ 지질이란 무엇일까?   102
   - ◆ 지방산   109
   - ◆ 콜레스테롤은 스테로이드의 동료   111
   - ◆ 콜레스테롤의 작용   112
   - ◆ 나쁜 역할, 착한 역할의 정체는 '리포단백질'   114
   - CHECK 동맥경화란 무엇일까?   117

2. 비만의 생화학 ~ 지방은 어떻게 축적되는가?   120
   - ◆ 섭취 에너지와 소비 에너지   120
   - ◆ 동물에게는 지방을 유지하는 메커니즘이 있다   122
   - ◆ 여분의 당질은 지방이 된다!   125
   - ◆ 지방이 에너지원으로 사용될 때   132

3. 혈액형이란 어떤 것일까?   138
   - ◆ 혈액형   138
   - ◆ 혈액형을 결정하는 것은 적혈구 표면의 당분자   139

4. 어째서 과일은 단맛이 날까?   144
   - ◆ 과일은 어째서 달까?   144
   - ◆ 단당·올리고당·다당   145
   - ◆ 과일이 달게 되는 메커니즘   147

5. 찰떡은 왜 쫀득쫀득할까?   150
   - ◆ 일반 쌀과 찹쌀의 차이   150
   - ◆ 아밀로오스와 아밀로펙틴은 이렇게 다르다   152
   - ◆ $\alpha(1{\rightarrow}4)$와 $\alpha(1{\rightarrow}6)$, 그 숫자의 의미는?   154

제4장

효소는 화학반응의 핵심

1. 효소와 단백질	164
◆ 단백질의 역할	165
◆ 효소란 무엇일까?	167
◆ 단백질은 아미노산으로 이루어져 있다	168
◆ 단백질의 1차구조	172
◆ 단백질의 2차구조	173
◆ 단백질의 3차구조	174
◆ 단백질의 4차구조와 서브유닛	175
2. 효소의 작용	176
◆ 기질과 효소	176
CHECK 깐깐한 효소? 느슨한 효소?	178
◆ 효소의 분류	180
◆ 전이효소	182
CHECK '혈액형 유전자'의 정체는 '당전이효소'	183
◆ 가수분해효소	186
3. 효소의 작용을 그래프로 알아보자	188
◆ 어째서 화학반응에 있어서 효소가 중요할까	189
◆ 활성화 에너지란 무엇일까?	190
◆ 효소는 '담장'의 높이를 낮게 만든다	191
◆ 최대반응속도	192
◆ 미카엘리스–멘텐식과 미카엘리스 상수	194
◆ V_{max}와 K_m을 구해 보자!	196
CHECK 왜 역수를 취할까?	200

4. 효소와 저해제	207
CHECK 알로스테릭효소	210

제5장

핵산의 생화학과 분자생물학

1. 핵산이란 무엇일까?	216
◆ 핵산이란?	216
◆ 미셔에 의한 뉴클레인의 발견	218
◆ 핵산과 뉴클레오티드	219
◆ 염기의 상보성과 DNA의 구조	223
◆ DNA 중합효소의 효소활성과 DNA 복제	225
◆ RNA의 구조	228
2. 핵산과 유전자	232
◆ DNA는 유전자의 본체	232
◆ 다양한 작용을 하는 RNA	234
◆ mRNA	236
◆ rRNA와 tRNA	237
◆ 리보자임	240
3. 생화학과 분자생물학	242
◆ 모든 것은 '촌스러운 일'에서 시작된다	242
◆ 시험관 내에서도 관찰할 수 있는 생명현상	243
◆ 재조합 DNA 기술의 발전	244
◆ 생화학으로의 회기	244
◆ 세포의 기원에 대한 수수께끼	
~ 대사가 먼저인가 복제가 먼저인가 ~	245

4. 생화학 실험법	247
에필로그	253
참고문헌	263
찾아보기	264

프롤로그
다이어트 비법서, 생화학

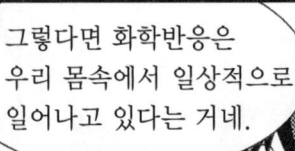

제1장
몸속에서 일어나는 일

1. 세포의 구조

세포의 특징이란?

세포는 **세포질**이 커다란 영역을 차지하고 있지요.
세포질에는 '세포 소기관'이라고 하는 여러 가지 형태와 기능을 가진 물체가 '세포질'이라는 액상성분 속에 떠 있어요.
중심에 있는 가장 큰 세포 소기관이 핵이에요.

POINT
세포질에는 많은 단백질과 당질 등이 있는데, 이곳에서 다양한 **화학반응**이 일어나고 있습니다.

- 핵(核)
- 조면 소포체
- 골지체(Golgi body)
- 리소좀(lysosome)
- 미토콘드리아(mitochondria)

세포막은 세포끼리의 소통과 필요한 물질의 흡수와, 불필요한 물질의 배출 등 아주 중요한 역할을 하고 있지.

POINT
세포는 '세포막(인지질 2중층)'이라는 부드러운 막으로 에워싸여 있습니다.

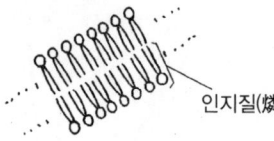

- 인지질(燐脂質)
- 인산(燐酸) → 친수성
- 지방산(脂肪酸) → 소수성

'인지질'이라는 종류의 지질이 쭉 늘어서서 얇은 막을 만들고, 그것이 다시 이중으로 되어 있습니다.

DNA

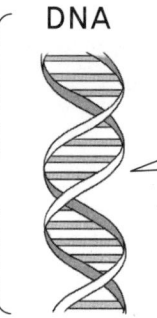

> **POINT**
>
> 핵 속에는 'DNA'라는 생명의 설계도라고 불리는 중요한 물질이 있습니다.
>
> DNA를 저장하고 있는 핵은 세포의 '사령탑'이라고 할 수 있습니다.

핵	미토콘드리아	소포체와 리보솜
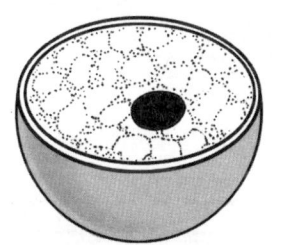	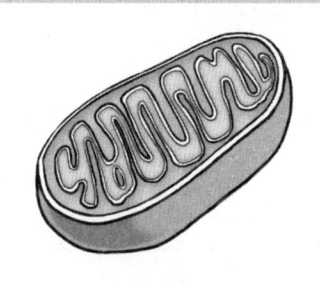	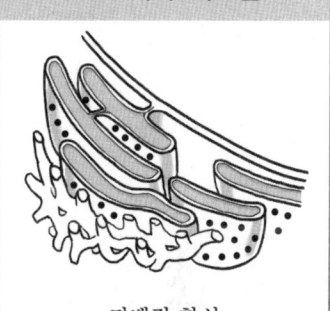
DNA의 저장고 유전자의 발현	에너지 생산	단백질 합성
골지체	리소좀	엽록체
	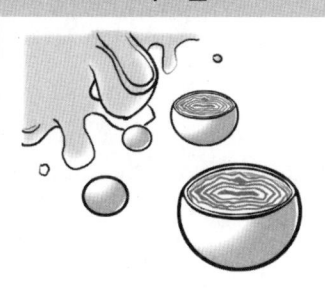	
단백질 분비	불필요한 물질의 처리 / 소화	광합성

> **POINT**
>
> **엽록체**는 식물과 일부 미생물에 존재하고 있구나.

메모
메모

단백질의 합성

단백질이라고 하면 음식에 포함되는 영양소를 연상하지만

우리에게 있어서 단백질은 그 활동을 도맡아 하는 아주 중요한 물질이야.

단백질이 그렇게 중요한 건가요?

그럼! 우리 몸은 다양한 단백질이 다양한 역할을 담당함으로써 유지되고 있지.

- 몸의 형태를 유지한다.
- 소화를 시킨다.
- 근육을 만든다.
- 외부의 적으로부터 몸을 보호한다.

그 때문에 각각의 세포에서는 항상 단백질이 계속 만들어지고 있어.

아까 야옹이 로봇을 통해 핵 속에 있는 DNA를 봤지?

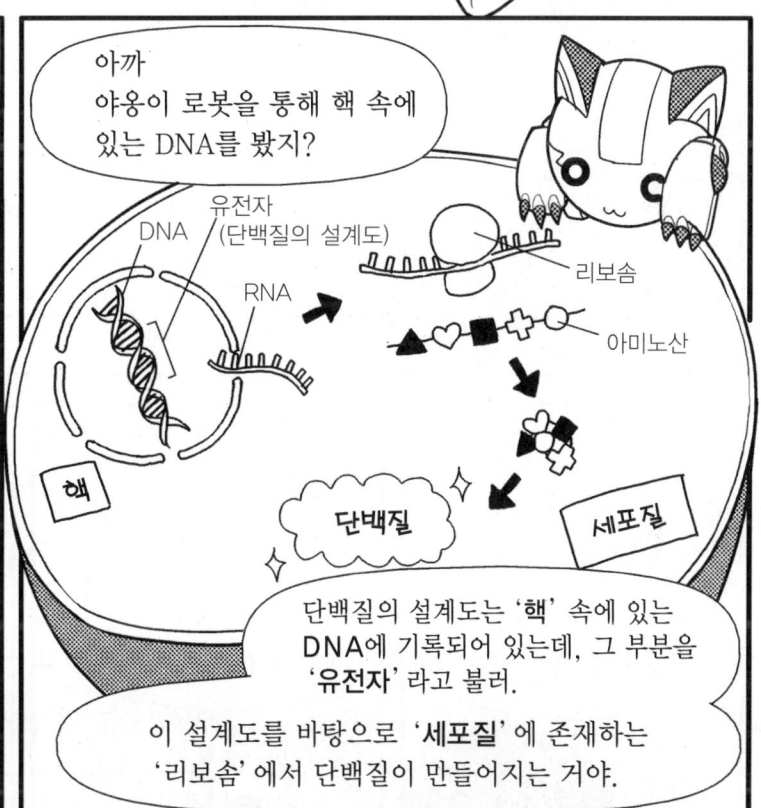

단백질의 설계도는 '핵' 속에 있는 DNA에 기록되어 있는데, 그 부분을 '유전자'라고 불러.
이 설계도를 바탕으로 '세포질'에 존재하는 '리보솜'에서 단백질이 만들어지는 거야.

설계도라는 레시피를 보면서 주방에서 요리를 척척 만들어 내는 느낌이에요!

물질대사(代謝)

그렇게 만들어진 단백질은 여러 가지 작용을 하고 있는데 그 중에서도 가장 중요한 것이…

몸속으로 들어온 영양소나 약물 같은 물질을 쓰기 편하게 변화시키거나 필요 없는 물질을 몸 밖으로 배출하기 위해 변화시키는 작용이야.

이렇게 어떤 물질이 다른 물질로 변화하는 것을 '대사(代謝)'라고 해.

그리고, 그 대사를 추진하는 중심적인 역할을 하는 것이 단백질이야!

식사를 할 때 들어 온 **영양소**를 분해하여 체내로 흡수하고, 적당한 물질로 변화시켜 몸을 만드는 재료로 삼는 것.

그게 단백질이 전문으로 하는 일이야!

술에 포함된 **알코올**은 원래 세포에게 독성이 강하기 때문에 간세포에서 이것을 분해해 독성이 없도록 만들지.

이것도 해독이 전문인 단백질이 하는 일이야!

병이 났을 때 먹는 약도 역시 몸에는 좋은 게 아니기 때문에 아픈 곳에 작용하면서 동시에 간세포 등에서 분해돼.

이 역시 단백질이 하는 일이지!

제1장 몸속에서 일어나는 일

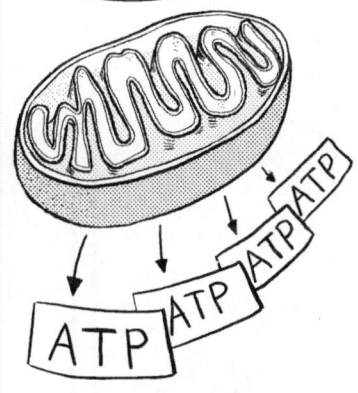

3. 세포는 많은 화학반응이 일어나는 장소

단백질 합성의 생화학

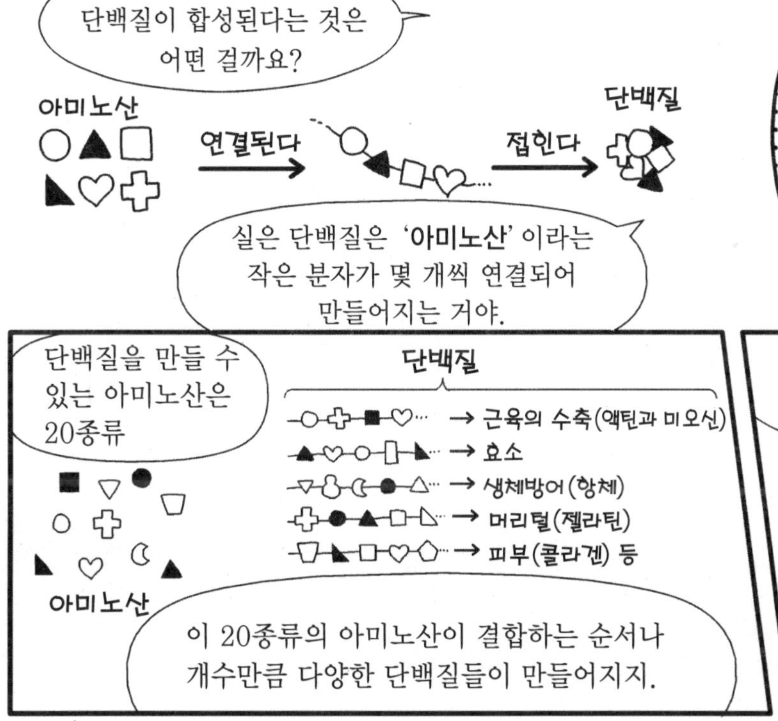

단백질이 합성된다는 것은 어떤 걸까요?

아미노산 ○▲□ ▲♡✚ →연결된다→ ○▲□♡... →접힌다→ 단백질

실은 단백질은 '아미노산'이라는 작은 분자가 몇 개씩 연결되어 만들어지는 거야.

단백질을 만들 수 있는 아미노산은 20종류

단백질
- ○✚■♡... → 근육의 수축(액틴과 미오신)
- ▲♡○□... → 효소
- ▽♣♡●▲... → 생체방어(항체)
- ✚●▲♡... → 머리털(젤라틴)
- □▲♡○... → 피부(콜라겐) 등

아미노산

비즈 목걸이 같아서 귀여워요~

이 20종류의 아미노산이 결합하는 순서나 개수만큼 다양한 단백질들이 만들어지지.

단백질을 합성하는 것은 소포체(小胞體)에 달라붙어 있거나, 세포질에 많이 부유하고 있는 '리보솜'이라는 물체야.

ZOOM!

리보솜

눈사람인가~

깨소금 같은 작은 입자지만 확대를 해보니 신기한 모양을 하고 있는 걸 알 수 있겠지?

복잡해 보이지만, 이 리보솜을 단순화해 보면 '눈사람' 같은 모양이야.

물질대사의 생화학

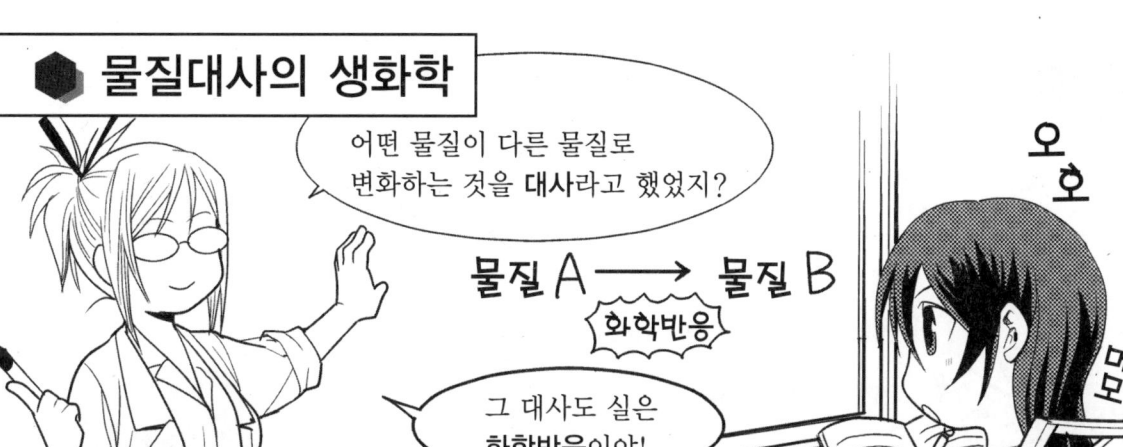

어떤 물질이 다른 물질로 변화하는 것을 **대사**라고 했었지?

물질 A → 물질 B (화학반응)

그 대사도 실은 **화학반응**이야!

피루브산 →(화학반응)→ 포도당(글루코오스)

예를 들어, 간세포에서 '당신생(새로운 당을 생성)'은 '피루브산'이라는 물질을 '포도당'이라는 당질로 변화시키는 화학반응이고…

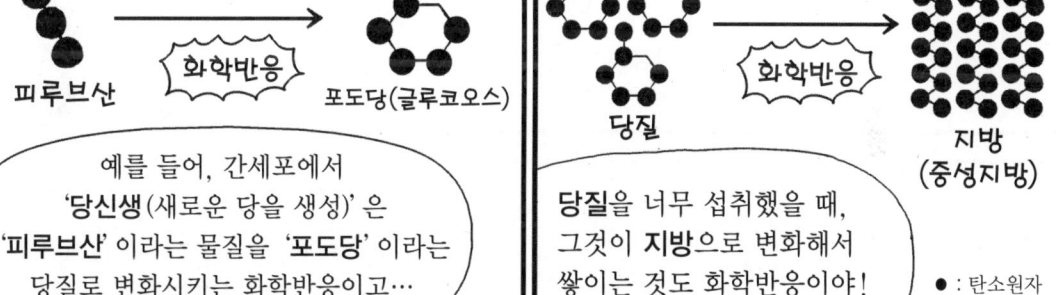

당질 →(화학반응)→ 지방(중성지방)

당질을 너무 섭취했을 때, 그것이 **지방**으로 변화해서 쌓이는 것도 화학반응이야!

● : 탄소원자

나머지 알코올의 해독도 마찬가지야.

즉, 물질대사 현상을 배우는 것, 그 자체가 「생화학」을 배우는 거야!

아아아! 미워요! 그 화학반응이 미워요~~~!

지방…

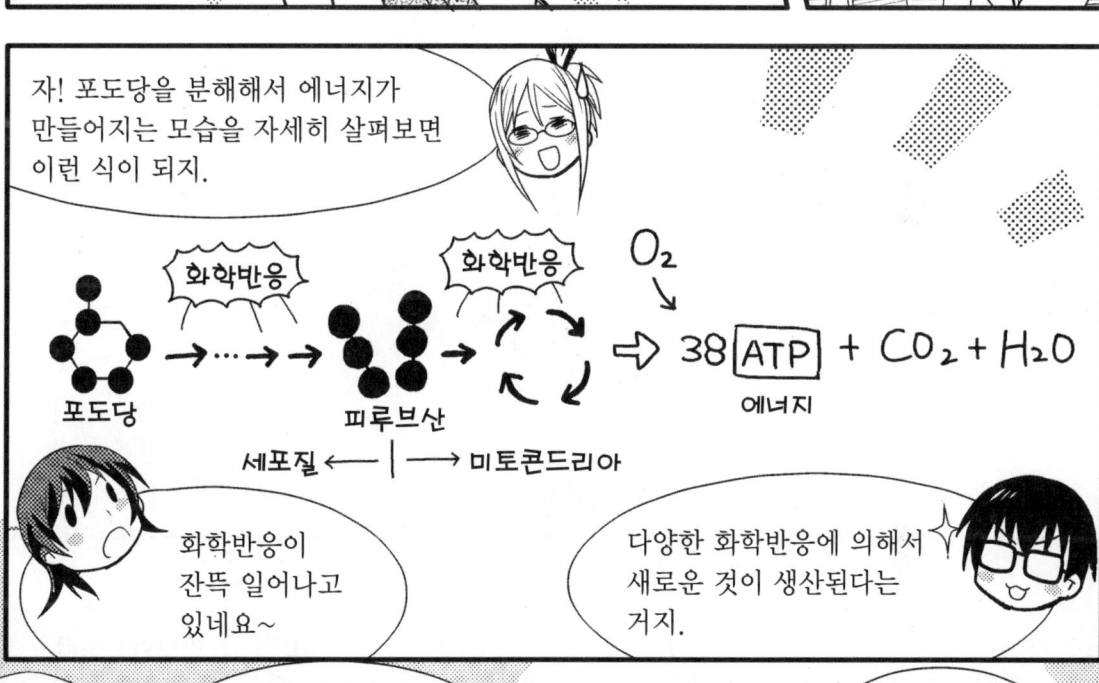

4. 생화학을 위한 기초지식

이번에는 생화학 공부에 필요한 전문용어로서, 알아둘 필요가 있는 용어들에 대해서 설명하겠습니다.

➡ 원소에서 생체고분자로

● 탄소

먼저, 생화학에서 가장 중요한 원소인 **탄소**에 대해 이야기하겠습니다.

탄소는 원소기호 C, 원자번호 6, 원자량 12.0107인 원소입니다. 탄소를 주성분으로 포함하는 화합물(유기화합물)로서 생물권뿐만 아니라 암석권(岩石圈), 기권(氣圈), 수권(水圈)에 폭넓게 존재하고 있으며, 생물의 호흡이나 광합성 등의 화학반응을 통해서 이들 사이를 순환하고 있습니다. 탄소는 4개의 원자와 공유결합을 할 수 있기 때문에, 아주 많은 종류의 유기화합물을 만들어 낼 수 있습니다. 단백질, 지질, 당질 그리고 핵산은 모두 탄소를 골격으로 하여 만들어집니다. 비타민 등도 그렇습니다.

흔히 우리 지구의 생물들을 '탄소형 생물'이라고 표현하는 경우가 있습니다. 바로 생물이 연소되고 나면, 나중에는 '탄소덩어리'가 남기 때문입니다. 그런 것을 보면, 정말 우리들의 몸은 탄소를 주체로 해서 만들어져 있다고 할 수 있습니다.

● 화학결합

탄소가 산소나 수소, 질소 등 다른 원소(이하 '원자'로 통일함)와 결합하여 다양한 화학물질을 만들어 내고 있습니다. 이러한 '원소끼리의 결합'이 화학물질이 성립하는 기본이 됩니다.

다시 말해, 헬륨과 아르곤 등 일부 기체를 제외하면, 대부분의 화학물질은 2개 이상의 원자가 결합되어 '분자' 상태로 존재하고 있는 것입니다. 예를 들어, 물분자(H_2O)는 수소원자(H) 2개와 산소원자(O) 1개가 연결되어 만들어집니다. 이렇게 원자들끼리 이어져 있는 결합을 가리켜 **화학결합**이라고 합니다.

화학결합에는 원자 간의 거리가 가깝고 전자(원자의 가장 바깥쪽에 존재하는 최외각 전자)를 공유하는 '공유결합', 전기적인 상호작용에 의한 '이온결합', 금속전자가 금속을 만드는 '금속결합' 등이 있습니다.

탄소원자가 4개의 원자와 결합하는 것은 모두 공유결합입니다.

● 생체고분자

화학결합에 의해 만들어지는 분자의 크기는 작은 것에서부터 큰 것에 이르기까지 다양합니다. 그 중에서 생화학에 있어서 중요한 분자로는 **생체고분자**가 있습니다.

이것은 생체에 포함된 고분자(분자량이 큰 분자)의 총칭으로, 단백질, 지질, 핵산, 다당이 포함됩니다. 특별히 분자량이 얼마 이상이라는 식으로 명확한 분자량의 정의가 있는 것은 아니지만, 일반적으로 당질 중에서 '단당'은 생체고분자에 포함시키지 않는 경우가 많은 것 같습니다. 생체고분자는 분자량이 큰 만큼 다양하고 복잡한 구조를 가질 수 있기 때문에, 세포와 같은 고도의 시스템에서 아주 사용하기 편리합니다.

생화학의 키워드

● 효소

생화학은 화학적인 관점에서 생명현상을 해명하는 학문이므로, 화학반응의 메커니즘을 이해하는 것은 매우 중요합니다. 그 화학반응에 있어서 중요한 존재가 바로 **효소**입니다. 효소란 화학반응의 촉매활성을 가진 단백질을 총칭하는 말입니다. 생체 내에서 이루어지는 거의 모든 화학반응에는 그 반응을 담당하는 촉매로서 효소가 있습니다.

효소가 촉매하는 화학반응에서 효소가 작용하는 물질을 **기질**(基質)이라고 합니다. 효소의 활성은 온도와 pH 같은 생체환경과 기질의 농도 등에 의해 크게 좌우됩니다.

최근에는 단백질 이외에 어떤 종의 RNA가 화학반응의 촉매활성을 가진 것으로도 알려져 있는데, 이것을 RNA 효소 혹은 **리보자임**(ribozyme)이라고 합니다.

● 산화환원

효소는 다양한 화학반응을 촉매합니다. 앞으로 제4장에서 자세히 소개하는 것처럼, 효소는 크게 6가지 유형으로 분류할 수 있습니다. 그 첫 번째 유형은 산화환원효소라고 불리는 것입니다. 이 유형의 효소에 대해서는 이 책에서 언급하지 않지만, **산화환원**은 생화학에서도 상당히 중요한 반응 중의 하나입니다. 산화환원이란 두 물질 사이에서 전자(電子)의 교환이 이루어지는 반응입니다. 즉, 전자를 빼앗기면 '산화' 되었다고 하고, 전자를 받아들이면 '환원' 되었다고 합니다. 일반적으로 한쪽의 물질이 '산화' 되면, 다른 한쪽의 물질은 '환원' 되기 때문에, 산화와 환원은 동시에 일어나게 됩니다.

생체 내에서는 전자의 교환에 수소이온(H^+)의 교환을 동반하는 경우가 많으며, 이 책의 제2장에 등장하는 $NADPH_2$, $NADH_2$ 등은 상대물질을 환원하는 '환원제'로서 작용합니다.

● 호흡

이 책의 제2장에서는 **호흡**에 대해서 다룹니다. 한 마디로 '호흡'이라고 하지만, 사실은 무엇을 기준으로 하는가에 따라 호흡의 정의는 달라집니다. 가장 넓은 의미에서의 호흡이란, 화학반응에서 산화환원에 의해 에너지를 획득하는 과정이라고 할 수 있습니다. 하지만, 이것만으로는 그 의미를 명확히 파악하기는 어렵습니다. 이 책에서는 다음과 같은 과정을 '호흡'이라고 생각하면 될 것 같습니다.

'호흡이란 유기화합물이 산소(O_2)의 관여에 의해 이산화탄소(CO_2), 물 등의 무기물로 분해되고, 그 과정에서 발생하는 에너지가 생체에 공급되는 반응' 입니다.

또한, 우리들이 폐를 이용하여 산소를 받아들이고, 이산화탄소를 배출하는 가스 교환은 **외호흡**, 조직세포에서의 가스 교환은 **내호흡**, 세포에서의 ATP 생성은 **세포호흡**이라고 합니다.

● 대사

호흡을 포함해서, 우리들의 몸속에서는 다양한 화학물질의 변화가 다양한 화학반응에 의해 일어나고 있습니다.

이 화학물질의 체내 변화과정을 **대사**(代謝)라고 합니다. 크게 **물질대사**와 **에너지대사**로 나눌 수 있는데, 이는 단순히 그 기준이 '물질의 변화' 인가 '에너지의 수지(收支)' 인가에 따른 관점의 차이일 뿐 명확하게 두 가지로 나누어진다는 것은 아닙니다. 이 책에서 대사라고 할 땐 물질대사를 가리키는 것으로 생각하면 되겠습니다.

① 물질대사

생체 내에서 이루어지는 물질의 변화를 말합니다. 다양한 효소에 의해 촉매되는 화학반응이 여기에 포함됩니다. 특히, 복잡한 물질이 보다 단순한 물질로 분해되는 반응을 **이화**(異化)라고 하고, 단순한 물질이 보다 복잡한 물질로 합성되는 반응을 **동화**(同化)라고 합니다.

② 에너지대사

생체 내에서 일어나는 에너지의 수지 및 변환 작업을 말합니다. 생체 내에서는 호흡에 의해 만들어진 에너지와 광합성에서 엽록소에 의해 흡수된 빛 에너지가 ATP 등의 형태로 축적되는 반응 등이 이에 포함됩니다.

제2장
광합성과 호흡

1. 물질은 순환한다

● 생태계와 물질순환

지구의 가장 큰 특징은 '생물이 살고 있는 별' 이니까

지구환경에 대해서 생각한다는 건 바로 '생태계'에 대해서 생각하는 것이라 해도 과언은 아니지.

그렇군요.

그런데, 그 생태계는 어떻게 유지되고 있는 걸까요?

생물들 사이에서 먹고 먹히는 먹이연쇄의 관점도 중요하지만…

여기서는 좀더 화학적으로 생태계의 성립에 대해 생각할 필요가 있어.

생화학이니까요!!

그 키워드가 되는 것이 '물질순환' 이라는 사고방식이야.

물질순환

뭔가가 빙글빙글 순환하고 있다는 말인가요?

응, 그렇지!

그럼, 물질순환에 대해서 천천히 설명할게.

물질순환이란?

 생물이 생물을 먹고, 호흡을 하고 그리고 식물이 광합성을 하는 등 생태계를 특징 짓는 이런 현상에는 모두 어떤 공통적인 구조가 있어. 그것을 **'물질순환'** 이라고 하는 거야.

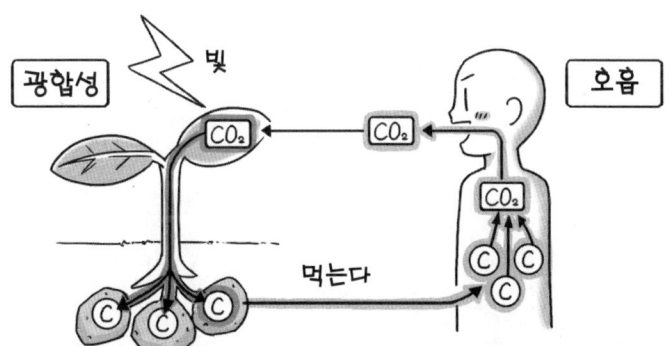

〈 감자 전분의 탄소(C) 〉   〈 몸을 만드는 탄소(C) 〉

 예를 들어, 생물 A가 생물 B를 먹는다면, 생물 B를 구성하고 있던 물질이 생물 A로 이동한다는 것을 의미하지. 그 물질 중에서 특히 중요한 것이 **'탄소(C)'** 야.

 위의 그림을 봐. 쿠미가 감자를 먹으면, 감자의 탄소가 쿠미의 몸속으로 이동하겠지?

 그리고 내가 호흡을 하면, 체내에 있던 탄소(C)가 이산화탄소(CO_2)로 바뀌어 몸 밖으로 나가게 되는구나!

 그래! 그렇게 체외로 배출된 탄소(C)는 광합성에 의해 식물에게 흡수되어 당질의 일종인 전분을 구성하는 탄소(C)가 되는 거야.

 그리고, 그 감자를 쿠미가 먹는다든지 소가 먹는다든지 하면, 탄소(C)는 다시 생물의 몸속으로 돌아오게 되지.

 또 쿠미가 소고기를 먹게 되면, 탄소(C)는 소에서 쿠미에게로도 이동하겠지?

 갈비, 너무 좋아…! 탄소는 여러 곳에서 잔뜩 이동하고 있네~ 이 이동이 순환인가?

 그런 셈이지! 지구 전체가 대규모로 순환하고 있다는 거야.

 맞다! 내가 먹는 쌀이나 감자, 사과도 원래는 누군가가 내뱉은 이산화탄소와 관계가 있다는 거구나!

 탄소뿐만이 아니라 수소(H), 산소(O), 질소(N) 그리고 황(S) 같은 원소도 마찬가지로 생물의 체내에서 다른 생물의 체내로 옮겨가기도 하고, 공기 중에 방출되거나 바다에 녹아버리기도 하고, 땅 속 깊숙이 축적되는 등 끊임없이 장소를 바꾸면서 지구 위를 빙글빙글 돌고 있어.

이 물질순환이 원활하게 이루어진다는 것은 생태계 그리고 지구환경이 건전하다는 증거인 셈이지.

→ 탄소순환

 자, 이번에는 탄소순환에 대해서 좀 더 자세히 설명해 보자.

 으음. 탄소라… 아까부터 계속 듣긴 했지만 사실 잘 모르겠어요…

 그럼, 네모토 군이 탄소에 대해 한번 설명해 볼래?

 예. '탄소'라는 말은 지구온난화와 관련해서 자주 들을 수 있게 되었지요. 탄소의 원소기호는 'C'이고, 우리에게 있어서 가장 중요한 원소 중 하나입니다.

이렇게 말하는 이유는 탄소가 단백질의 재료인 아미노산의 중심에 있는 원소이며, 당질이나 지질의 골격을 만들고 있는 원소이고, '유전자'의 중심적인 원소이기 때문이지요.

 … 이걸 보면, 중심에 모두 C가 들어가 있지?

응, C가 없어지면 무척 곤란할 것 같아~
그렇게 중요한 거구나!

 탄소는 생물체 밖에 있을 경우, 2개의 산소원자와 결합해서 이산화탄소(CO_2)가 되거나, 4개의 수소원자와 결합해서 메탄(CH_4)이라는 물질이 되기도 해.

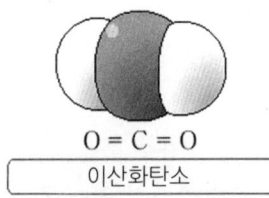

이산화탄소

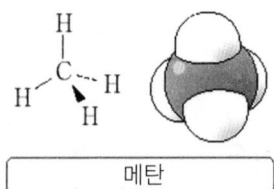

메탄

 또한, 오랜 세월 동안 땅속 깊이 축적되어, '원유'나 '석탄' 같은 물질을 만들기도 하고, 어떤 경우에는 '다이아몬드'가 되기도 하지.

 원유에 다이아몬드라니! 부자가 된 느낌이에요. 로맨틱해요.

 응, 하지만 로맨틱한 것만은 아니야.
탄소가 어떻게 순환하는가는 아주 중요한 문제야.
어쨌건 이 밸런스가 무너져서 지구 상의 이산화탄소 농도가 계속 상승하고 있다니 말이야.

 심각한 문제네요…

 아… 마음이 무거워진다… 왠지 어려워 보이고…

 어머! 지구를 하나의 순환 시스템으로 이해할 수 있다면, 자신의 몸도 하나의 순환 시스템으로 이해할 수 있어. 미(美)를 추구하는 여성의 상식이지~ ♪

미의 추구…!! 좋았어! 갑자기 의욕이 막 생겼어요!

 (선생님은 정말 동기부여의 천재시라니까!)

 다시 한 번 이 그림을 보자.

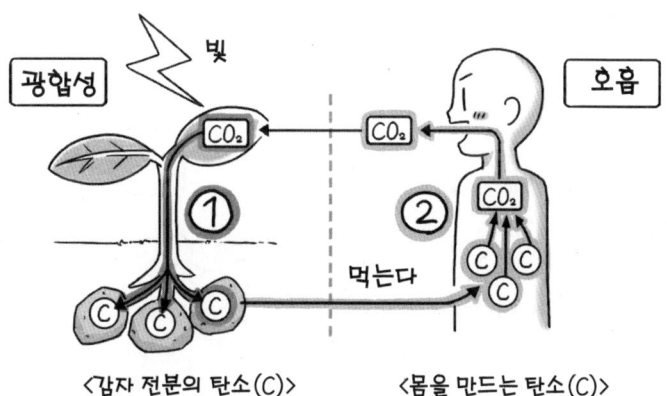

왼쪽의 ①을 주목해 봐. 이쪽은
① 공기 중의 이산화탄소가 식물의 광합성 작용에 의해 '당질'의 재료로서 사용되는 탄소의 흐름이고

오른쪽 ②를 주목해 보면, 이쪽은
② 당질이 생물에 의해 이용되고, 호흡을 통해 다시 이산화탄소로 바뀌어, 공기 중으로 되돌아가는 탄소의 흐름이야.

이제부터 이 두 가지 흐름에 대해 공부해 갈 거야.
그럼, 식사도 마쳤으니 열심히 해보자!!

 네~!

2. 광합성의 메커니즘을 이해하자!!

식물의 중요성

생태계의 저변에서 모든 생물에게 '식량'을 공급해 주고 있는 것이 '식물'이므로, 식물의 존재는 매우 중요합니다. 그 이유는 식물에게는 '광합성'이라는 메커니즘이 있어서, 태양의 빛을 이용하여 우리들 생물에게 있어서 중요한 영양소인 당질, 즉 '탄수화물'을 이산화탄소로부터 만들어내고 있기 때문입니다.

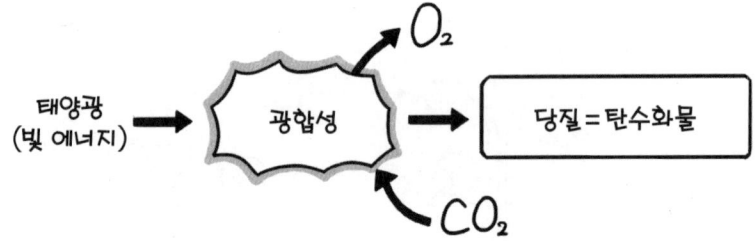

식물을 가리켜 '생산자'라고 하는 것은 바로 이러한 이유 때문입니다. 그리고 우리 동물들은 '소비자'라고 부릅니다.

하지만, 광합성의 중요성은 당질을 만드는 데에만 있는 것이 아닙니다.

이산화탄소를 그 원료로 함으로써 대기 중의 이산화탄소 농도를 일정하게 유지하고, 광합성의 부산물로 우리들이 항상 필요로 하는 '산소'를 만들어 내는 것도 우리들 생물에게 있어서 매우 중요한 의미를 가진다고 할 수 있습니다.

그렇기 때문에, 인간에 의한 삼림파괴는 우리들이 살아가는 데 있어서 빼놓을 수 없는 산소나 동물들의 에너지원이 되는 당질을 만들어 주는 '생산자'를 감소시키는 행위와 다름없습니다. 스스로 자신의 목을 조르는 것과 같은 것입니다.

자, 그렇다면 식물들은 어떻게 태양의 빛을 이용하여 당질을 만들어 내는지 그 메커니즘을 공부해 보기로 하겠습니다.

엽록체의 구조

야옹이 로봇이 보내온 이 영상은 식물의 세포 속에 있는 녹색 알갱이, 즉 **'엽록체'** 입니다.

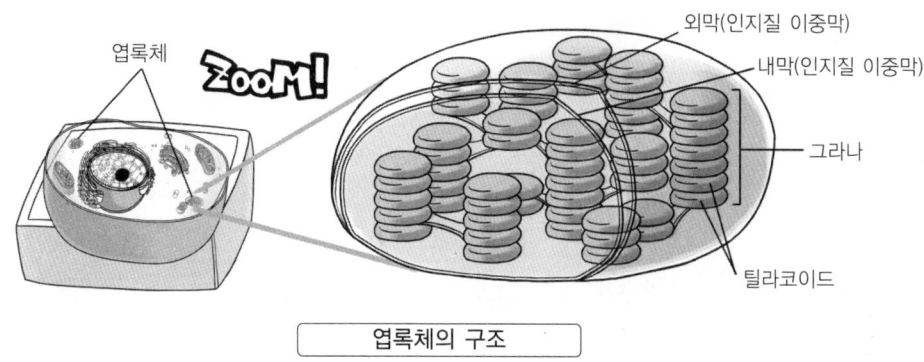

엽록체의 구조

이 그림을 보면, 엽록체의 내부는 얇은 주머니처럼 생긴 구조물이 여러 층으로 쌓여있는 신기한 구조를 하고 있다는 것을 알 수 있습니다. 이 각각의 납작한 주머니를 '틸라코이드'라고 하고, 이 틸라코이드가 여러 층으로 쌓아진 것을 '그라나(grana)'라고 합니다.

틸라코이드의 막은 세포막과 마찬가지로 인지질을 주성분으로 하는 이중막으로 이루어져 있습니다. 자, 틸라코이드(thylakoid)막의 표면을 봐 주십시오.

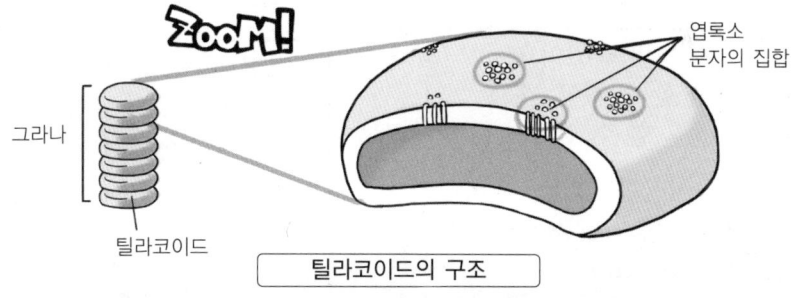

틸라코이드의 구조

작은 입자가 몇 개씩 모여 집합체 같은 것을 형성하고 있는 것이 보이지요? 이 작은 입자 하나하나의 정체는 **'엽록소'** 라는 이름의 분자와 단백질의 집합체로, 틸라코이드막에 반은 함입되어 있는 모양을 하고 있습니다.

이 엽록소 분자가 태양광을 흡수하게 되는데, 이 때 태양광에 포함되어 있는 녹색의 빛만은 흡수하지 않고, 반사하거나 투과시켜버립니다. 그렇게 때문에 우리의 눈에 식물은 녹색으로 보이는 것이지요.

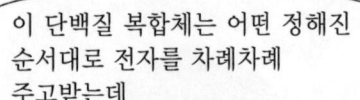

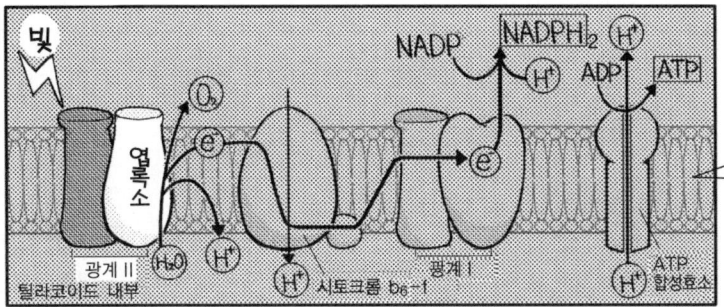

STEP 1(광계Ⅱ)
태양광이 엽록소에 닿는다.

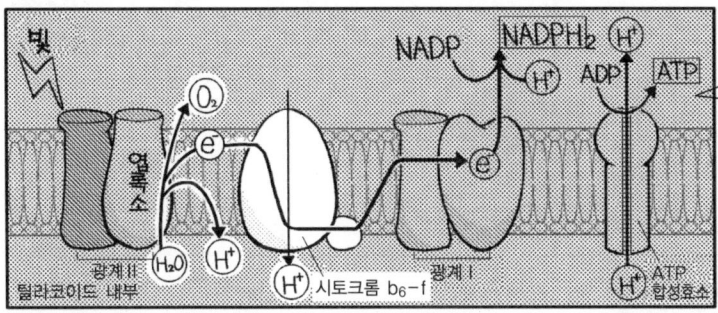

STEP 2
빛 에너지에 의해 여기상태(들뜬상태)가 되어, 전자 e^-가 방출되어서 전달되고, 그와 동시에 프로톤 H^+이 틸라코이드 내부에 축적된다.

STEP 3(광계Ⅰ)
전자 e^-와 프로톤이 NADP에 전달되면 $NADPH_2$가 생성된다.

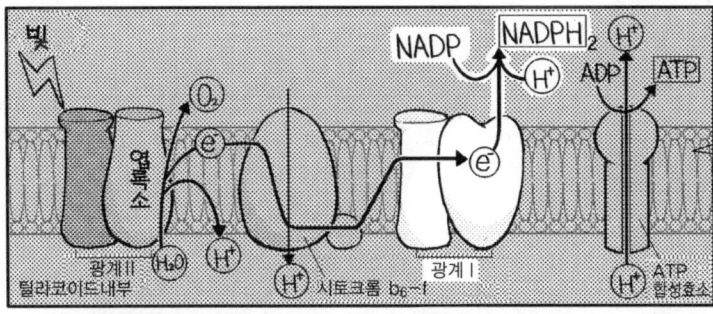

STEP 4
틸라코이드 내부에 축적된 프로톤 H^+이 농도기울기*에 따라 틸라코이드 밖으로 나오려고 할 때, ATP합성효소 안을 통과한다. 이때 ADP로부터 ATP가 합성된다.

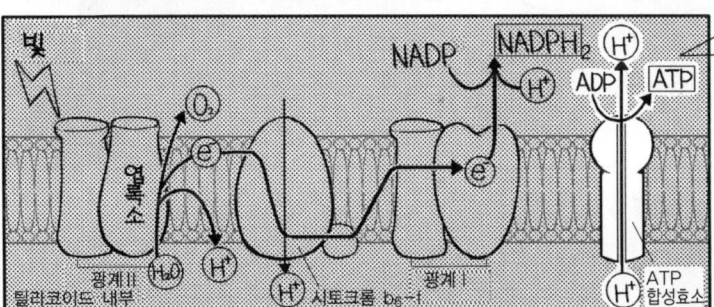

※물질이 농도가 높은 쪽에서 낮은 쪽으로 자연스럽게 흐르는 힘을 말한다.

※ 광계Ⅰ에도 엽록소가 있어서, 이곳에서도 빛 에너지를 받아들여 광계Ⅱ에서부터 전달되어 오느라 에너지를 적게 가진 전자를 다시 활성화시킵니다.

와! 순서대로 보니 알 것 같아!

확실히 전자의 흐름에 의해서 $NADPH_2$와 ATP가 생성됐어요!

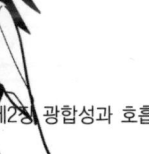

제2장 광합성과 호흡　69

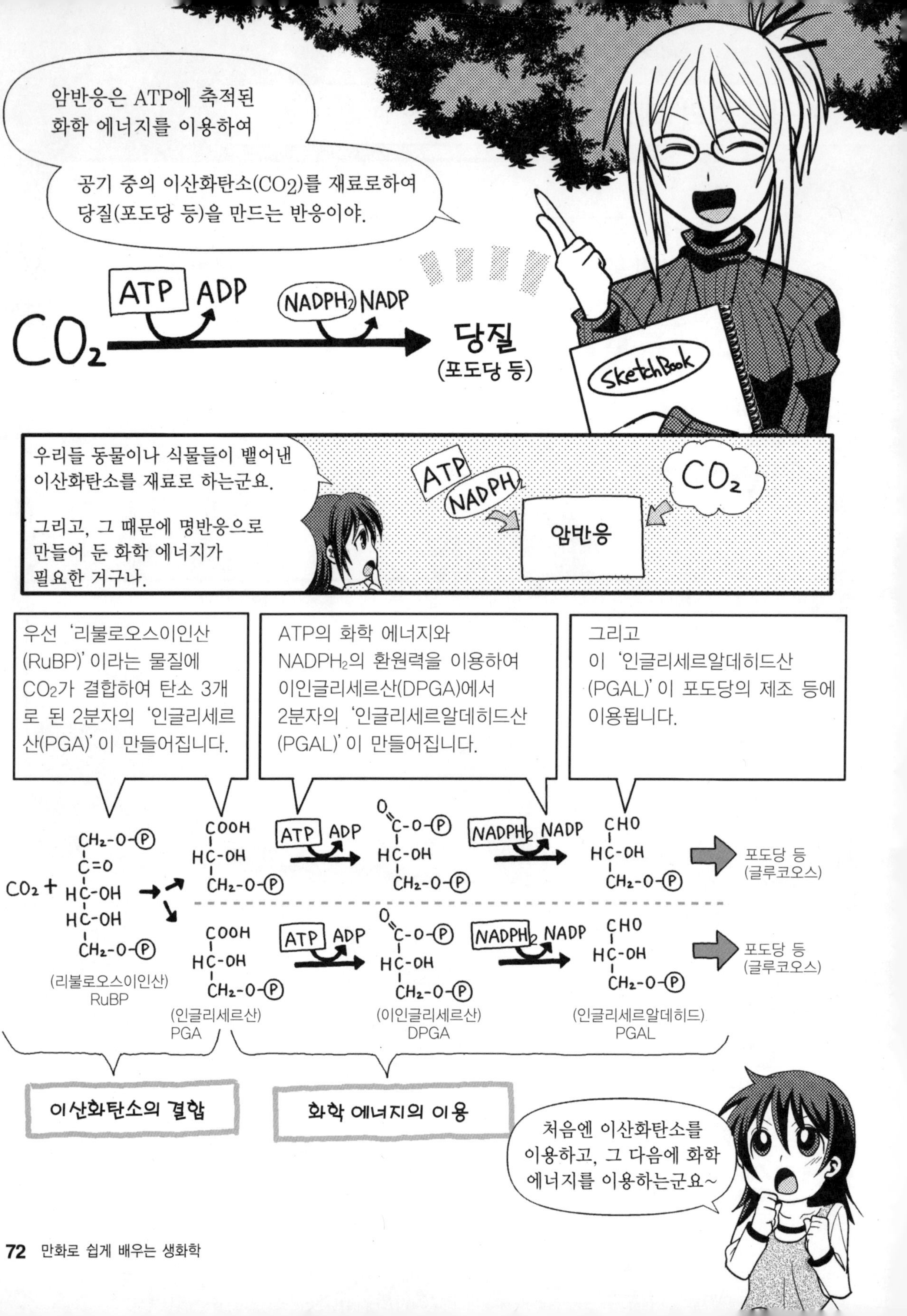

암반응은 ATP에 축적된 화학 에너지를 이용하여 공기 중의 이산화탄소(CO_2)를 재료로하여 당질(포도당 등)을 만드는 반응이야.

$CO_2 \xrightarrow{ATP \to ADP, \ NADPH_2 \to NADP}$ 당질 (포도당 등)

우리들 동물이나 식물들이 뱉어낸 이산화탄소를 재료로 하는군요.

그리고, 그 때문에 명반응으로 만들어 둔 화학 에너지가 필요한 거구나.

ATP, NADPH, CO_2 → 암반응

우선 '리불로오스이인산(RuBP)'이라는 물질에 CO_2가 결합하여 탄소 3개로 된 2분자의 '인글리세르산(PGA)'이 만들어집니다.

ATP의 화학 에너지와 $NADPH_2$의 환원력을 이용하여 이인글리세르산(DPGA)에서 2분자의 '인글리세르알데히드산(PGAL)'이 만들어집니다.

그리고 이 '인글리세르알데히드산(PGAL)'이 포도당의 제조 등에 이용됩니다.

(리불로오스이인산) RuBP
(인글리세르산) PGA
(이인글리세르산) DPGA
(인글리세르알데히드) PGAL

→ 포도당 등 (글루코오스)

이산화탄소의 결합 | **화학 에너지의 이용**

처음엔 이산화탄소를 이용하고, 그 다음에 화학 에너지를 이용하는군요~

3. 호흡의 메커니즘을 공부하자!!

● 탄수화물이란?

흐음, 쿠미 양이 궁금하게 여기는 것도 무리는 아니야.

이걸 봐! 실은, 한 마디로 당질이라고 해도 그 안에는 많은 종류가 있어.

당질 = 자당(수크로오스)

과당(프룩토오스)

젖당(락토오스)

전분

 호오~

각각 당질의 종류가 다르다는 거야.

당질에 대해서는 이제부터 자세히 설명할게.

당질

불끈   엣!

에너지가 되는 당질 중 대표적인 것은 '**포도당(글루코오스)**'이라는 이름의 당질이고 **사슬구조** 또는 **환상구조**를 하고 있어.

그림은 정식으로는 'α-D-포도당'. 환상구조의 제일 오른쪽의 수산기와 수소가 상·하로 반대로 붙어 있는 것은 'β-D 포도당'이라고 불린다.

 사슬구조 ⟷ 환상구조

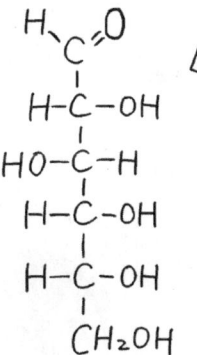

이쪽의 사슬구조를 보면 탄소(C)가 6개 세로로 나열되어 있고, 아래의 5개에는 각각 수소(H)와 수산기(OH)가 붙어 있지?

그리고 제일 위에 있는 탄소는 '**알데히드기**' 라는 형태가 되어 있다는 걸 알겠지? 이것이 당질의 기본적인 형태의 하나야.*

*당질의 기본적인 형태에 대해서는 p.98을 참조.

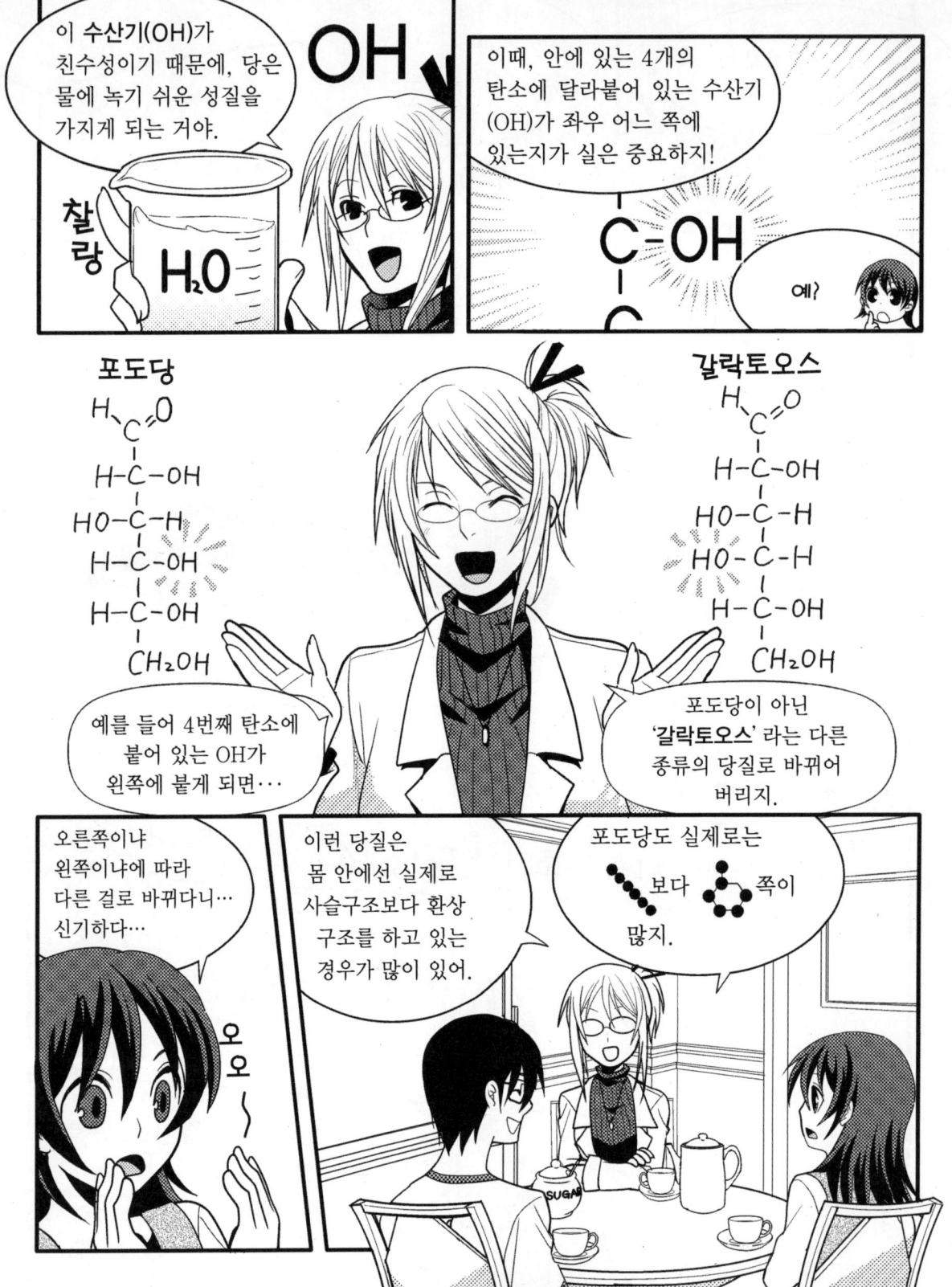

당질의 이름은 '~오스'가 많다

앞에서 글루코오스, 갈락토오스라는 당질을 소개했습니다. 이처럼 당질의 이름에는 일정한 규칙이 있는데, 대개는 그 어미가 '~오스(ose)'가 되도록 붙여집니다.

글루코오스는 에너지 생산의 기초가 되는 당질로서, 혈당치에서 '당'이란 이 글루코오스를 말합니다. 여러분이 흔히 접할 수 있는 설탕은 전문적으로는 '자당(수크로오스)'이라고 합니다. 이 역시 '~오스'라는 형태로 되어 있습니다.

모유나 우유 등에는 '젖당'이라는 당질이 포함되어 있는데, 이것은 '락토오스'라고 합니다. 과일에 흔히 들어있는 '과당'은 '프룩토오스'. 한 마디로 당질이라고 하지만 자연계에는 다양한 당질들이 존재하고 있으며, 실제로 자당과 젖당, 포도당과 갈락토오스, 과당은 약간 구조가 다릅니다. 또한, 여러분들이 자주 먹는 쌀이나 감자에 많이 함유된 '전분'은 '아밀로오스(amylose)'와 '아밀로펙틴'으로 이루어져 있습니다.

이들의 상세한 구조에 대해서는 제3장에서 설명하도록 하겠습니다.

왜 단당은 환상구조를 하고 있는가?

왜 단당은 사슬구조보다 환상구조 형태를 취하는 경우가 많을까요? 그 이유는 분자 내의 탄소에 결합되어 있는 '-OH'에 비밀이 있습니다.

알코올은 모두 'R-OH(R은 다양한)'라는 식으로 표시됩니다. 알코올에는 알데히드기와 케톤기가 결합하여 '헤미아세탈'이라는 물질을 만들어 내는 성질이 있습니다. 그렇기 때문에 단당 '-OH'도 그러한 성질을 가지고 있으며, 분자 내의 알데히드기와 케톤기가 반응하여, 그 결과로 환상구조를 만들어 버리는 것입니다.

제2장 광합성과 호흡

호흡은 포도당을 분해하여 에너지를 만드는 반응

식물이 광합성으로 만들어 낸 당질은 전분 등의 형태로 저장되고, 그것을 우리가 먹고 있는 거야.

그 전분이 소화되면서 생기는 포도당을 영양원으로 해서, 우리 생물들(식물 자신도 포함해서)은 체내에 받아들인 산소의 도움을 얻어 에너지를 만들어 내는 것이지.

이것이 호흡(세포호흡)이라는 거야.

호흡의 일반식이란 것이 있는데, 여기서 설명해 두기로 하지.

$$C_6H_{12}O_6 + 6O_2 + 6H_2O \rightarrow 6CO_2 + 12H_2O + 38ATP$$

포도당　　산소　　물　　　이산화탄소　　물　　에너지

흠흠…
호흡에 의해 포도당과 산소가 소비되고, 이산화탄소와 물 그리고 에너지가 생긴다는 것을 알 수 있네요.

그럼, 그 반응의 자세한 과정을 순서대로 살펴보기로 하자!

호흡에는 **3가지의 단계**가 있다는 걸 생각해봐.

이것이 중요한 **3대 키워드**!

① 해당과정
② 시트르산 회로※
③ 전자전달계

※ 발견자의 이름을 따서 '크렙스(Krebs) 회로' 혹은 'TCA 회로', '구연산 회로' 라고도 합니다.

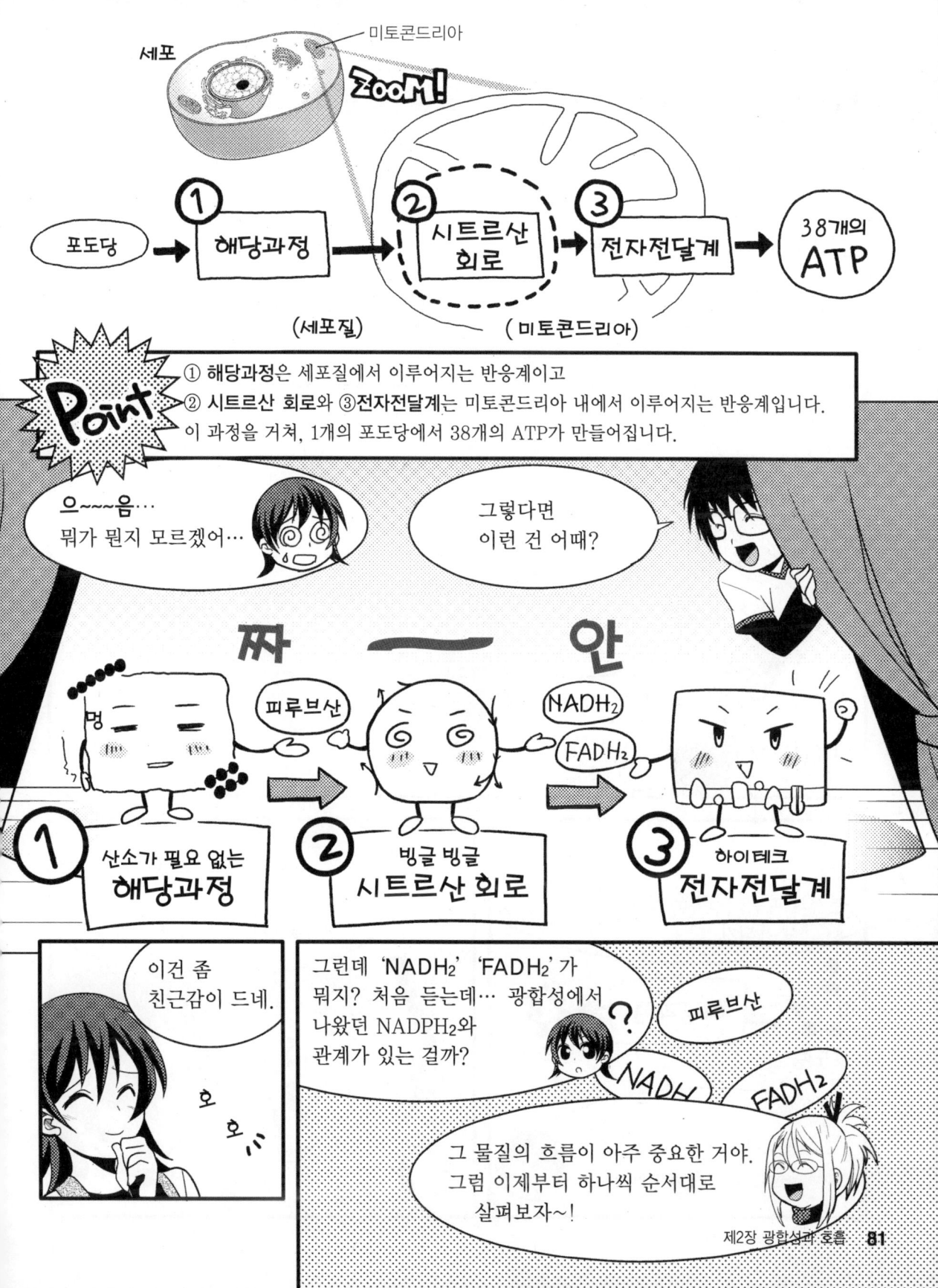

키워드① 해당과정에서 포도당을 분해

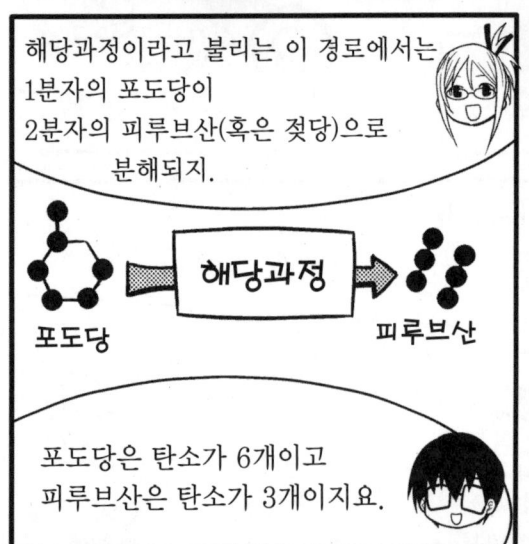

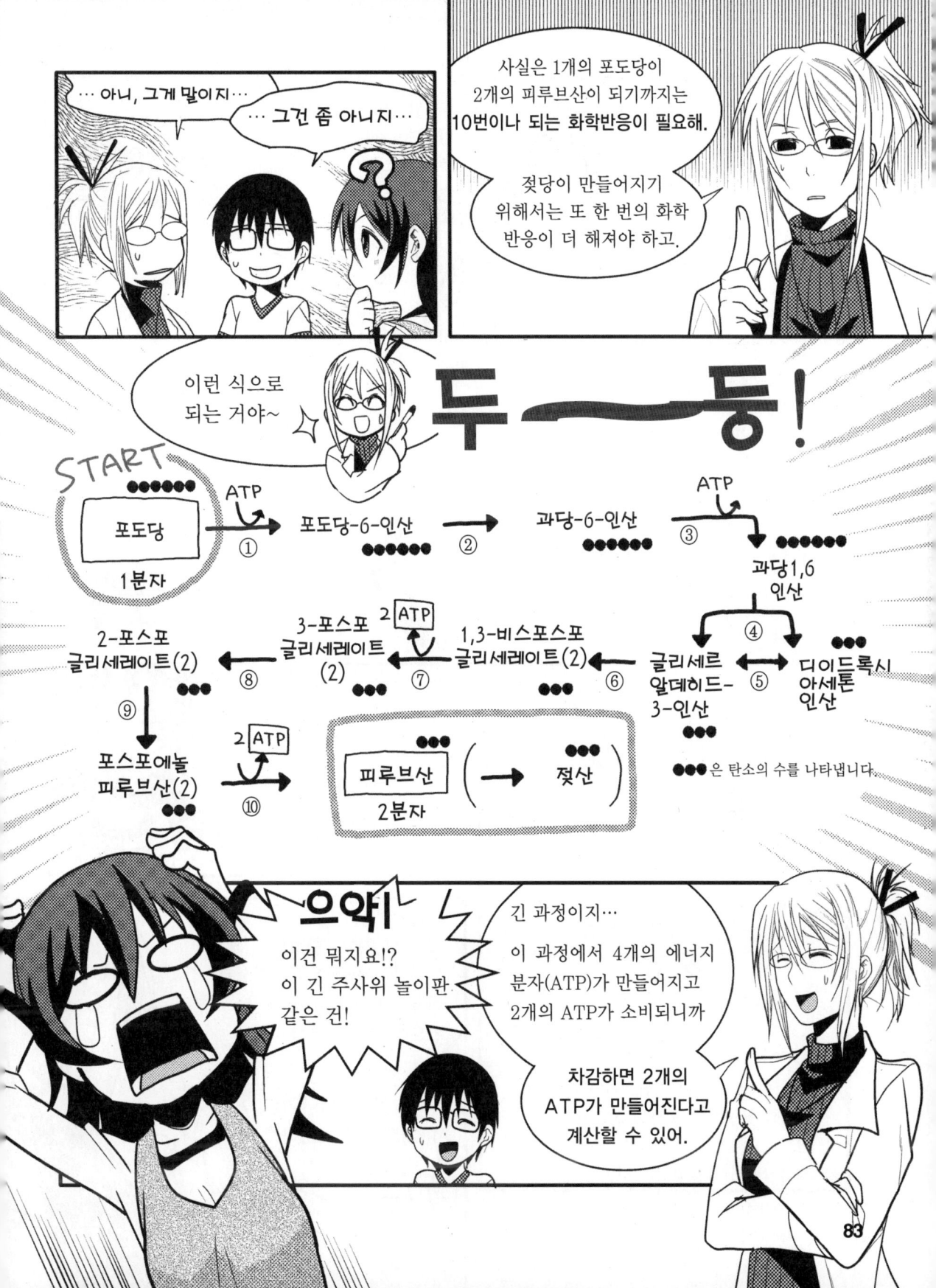

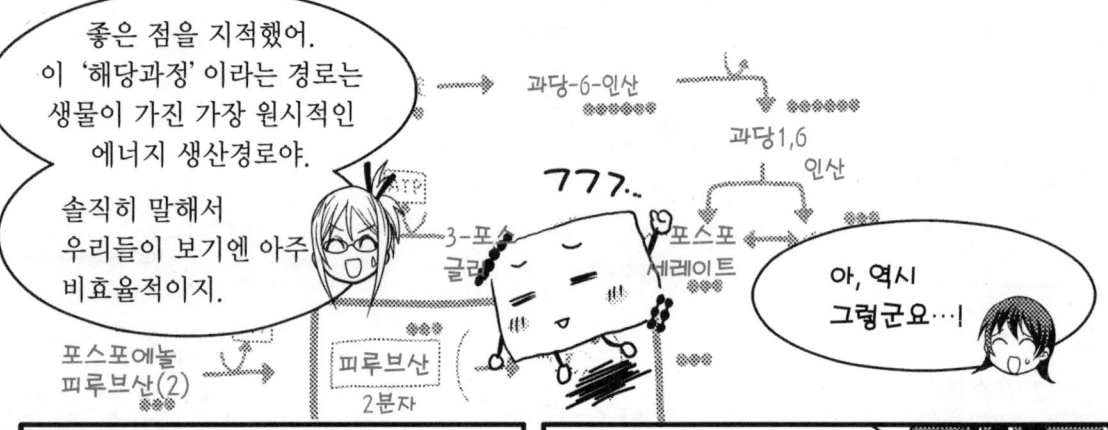

※ 혐기성 생물이란 산소를 사용하지 않고 에너지를 만들어 내는 생물을 말합니다.

키워드 ② 시트르산 회로(TCA 회로)

두 번째는 **시트르산 회로**!

와 아!

산소를 적극적으로 이용해서 ATP를 생산하는 것은 세포 소기관의 하나인 '**미토콘드리아**'의 중요한 역할이야.

ZOOM!

세포

미토콘드리아

세포질에서 포도당을 분해해 만들어진 **피루브산**이 미토콘드리아 속에 흡수되면…

피루브산

빙글빙글

빙글빙글

해당과정

시트르산 회로

'시트르산 회로'라고 하는 화학 반응의 소용돌이에 휩싸이게 되지.

'화학반응의 소용돌이' 라니, 대체…?

응~~?

제2장 광합성과 호흡 85

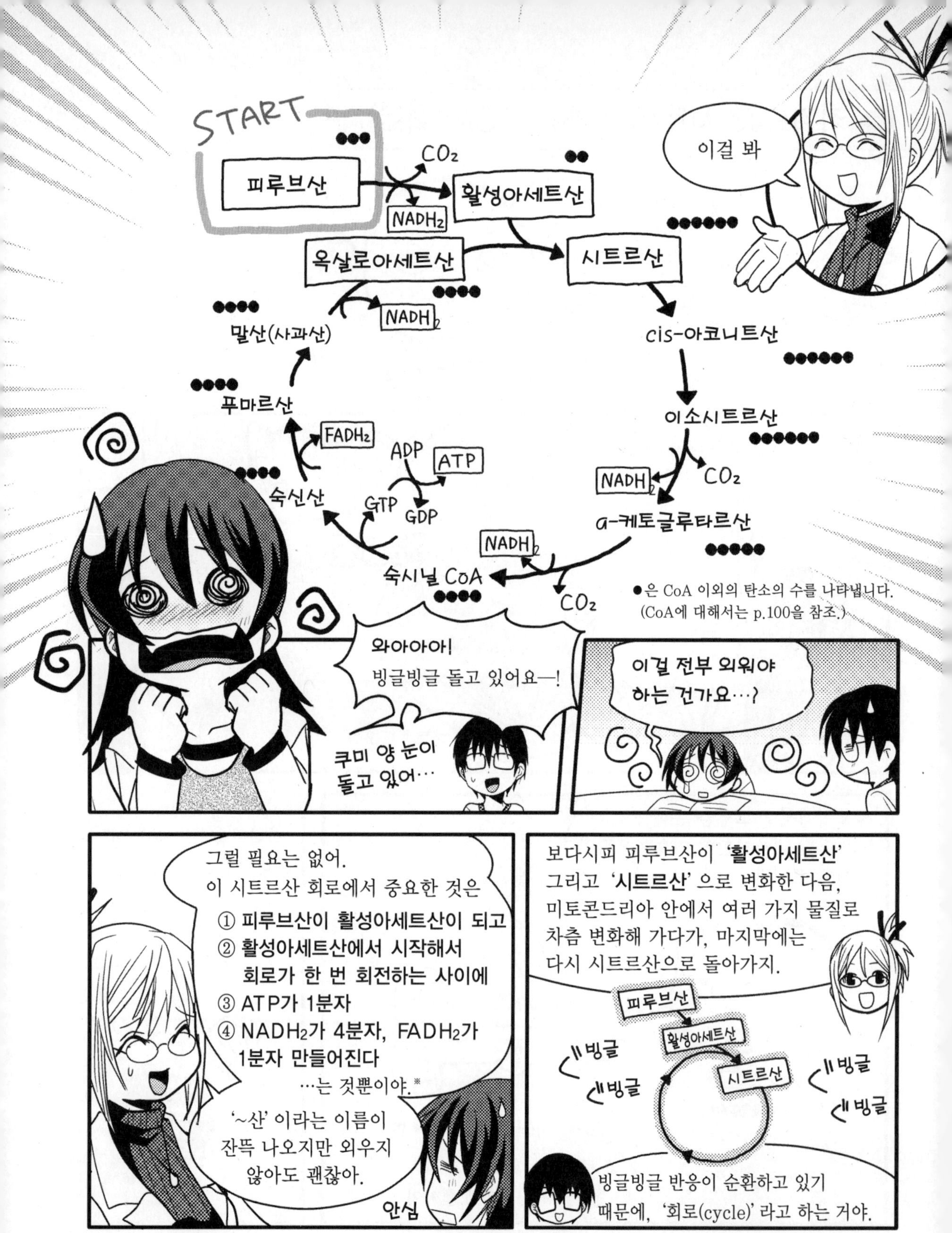

이 회로 안에서는 또 다시 새롭게 ATP 2분자가 만들어지는데, 그 밖에도 중요한 물질들이 만들어지고 있어.

그게 바로 'NADH$_2$' 'FADH$_2$' 라는 보조효소(coenzyme)라고 불리는 물질이야!

짜안~

NADH$_2$
FADH$_2$

덧붙이면 광합성에서는 NADPH$_2$ 라는 물질이 사용됐었지만 호흡에서는 'NADH$_2$' 이지.

오오-

NADPH$_2$　　NADH$_2$

이 물질이 다음에 이어지는 '전자전달계' 에서 ATP를 대량으로 만들어 내는 거야.

ATP

시트르산 회로 → 전자전달계

NADH$_2$
FADH$_2$

음? 그 보조효소인 'NADH$_2$' 'FADH$_2$' 가 다음에 이어지는군요. 그래서 그 'NADH$_2$' 'FADH$_2$' 는 어떻게 해서 ATP를 그렇게 많이 만드나요?

그걸 다음에 설명할거야!

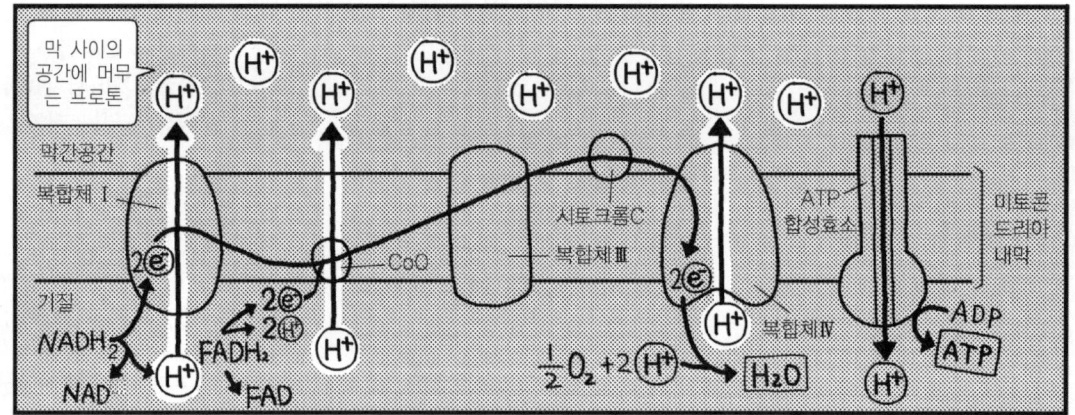

하지만, 그렇게 되면 농도 기울기라는 힘이 생기게 되지.
즉, 프로톤(H+)도 막 사이의 농도가 기질보다도 높아지게 되면, 기질 쪽으로 흘러가라 흘러가라는 **'무언의 압력'**이 걸리게 되는 거야.

농도 기울기는 물질이 농도가 높은 쪽에서 낮은 쪽으로 자연스레 흘러가는 힘을 말하는 것이었지요.

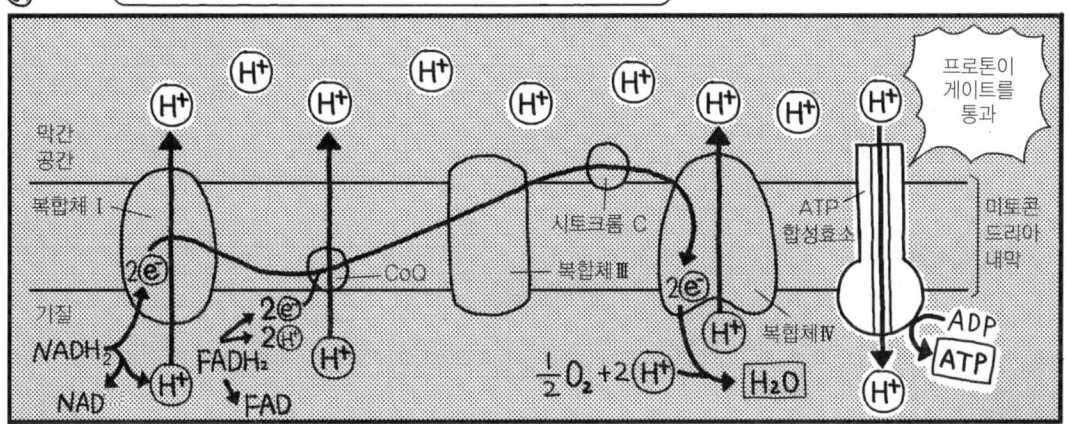

편리하게도 전자전달계에는 그 프로톤이 기질 쪽으로 이동하는 **'게이트'**가 존재해.

자, 그럼 모두 그곳으로 가보지요!

그 게이트가 **'ATP합성효소'**이고 프로톤이 그곳을 통과할 때 ATP 1분자가 만들어지게 되도록 되어 있어.

이렇게 해서 10분자의 $NADH_2$(그 중 2분자는 해당과정에서 만들어짐)로부터 30분자의 ATP가 만들어지고 2분자의 $FADH_2$에서 4분자의 ATP가 만들어집니다.

$NADH_2$에서 온 전자는 3군데의 '프로톤 펌프'를 모두 작동시키지만, $FADH_2$에서 온 전자는 2군데밖에 작동시키지 못하기 때문에 이렇게 됩니다.

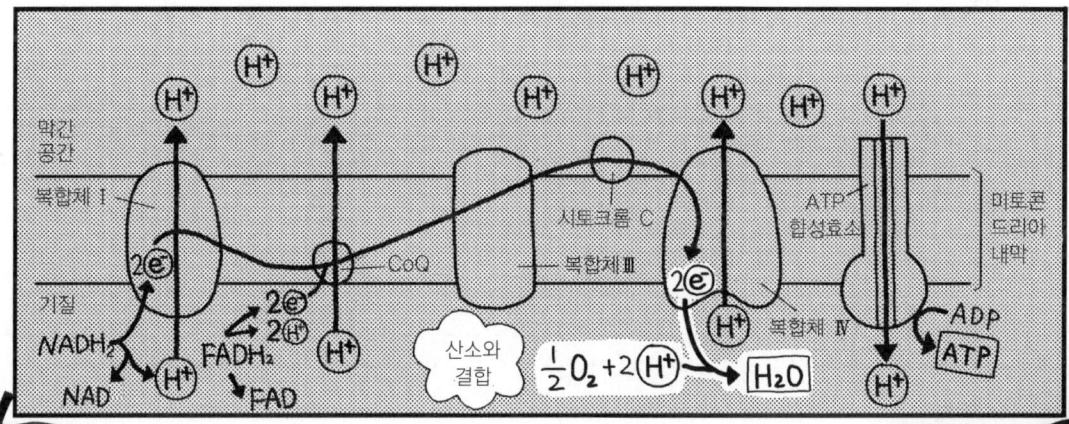

그리고 사용된 전자와 프로톤은 산소와 결합하여(여기에서 산소가 필요하게 된다!) 물이 된다는 것이지.

그렇군요~

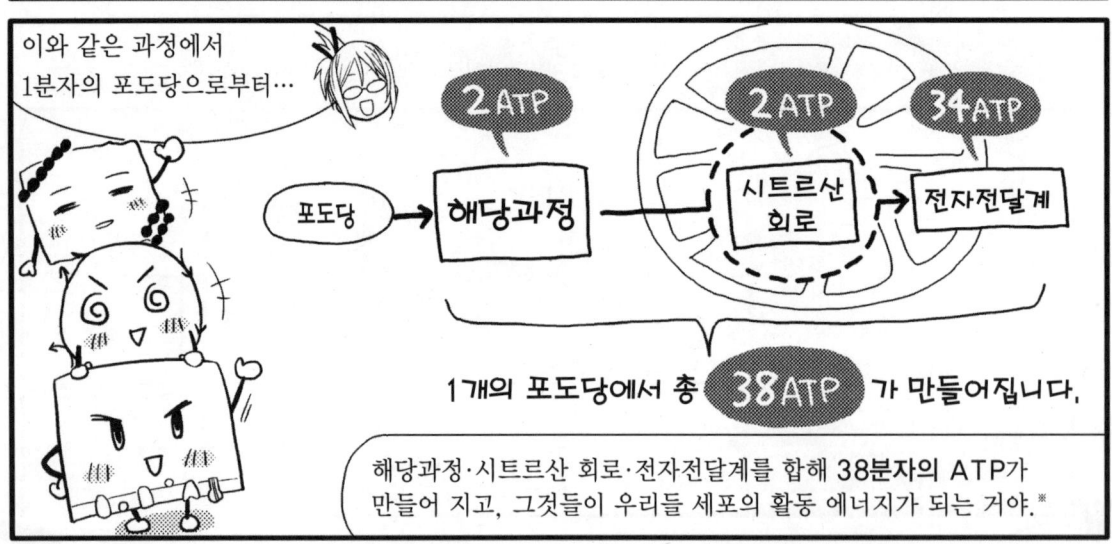

광합성과 호흡 ~ 총정리 ~

물질 - 특히 탄소의 순환이라는 관점에서 광합성과 호흡의 상호관계를 정리해 보면 이렇게 돼.

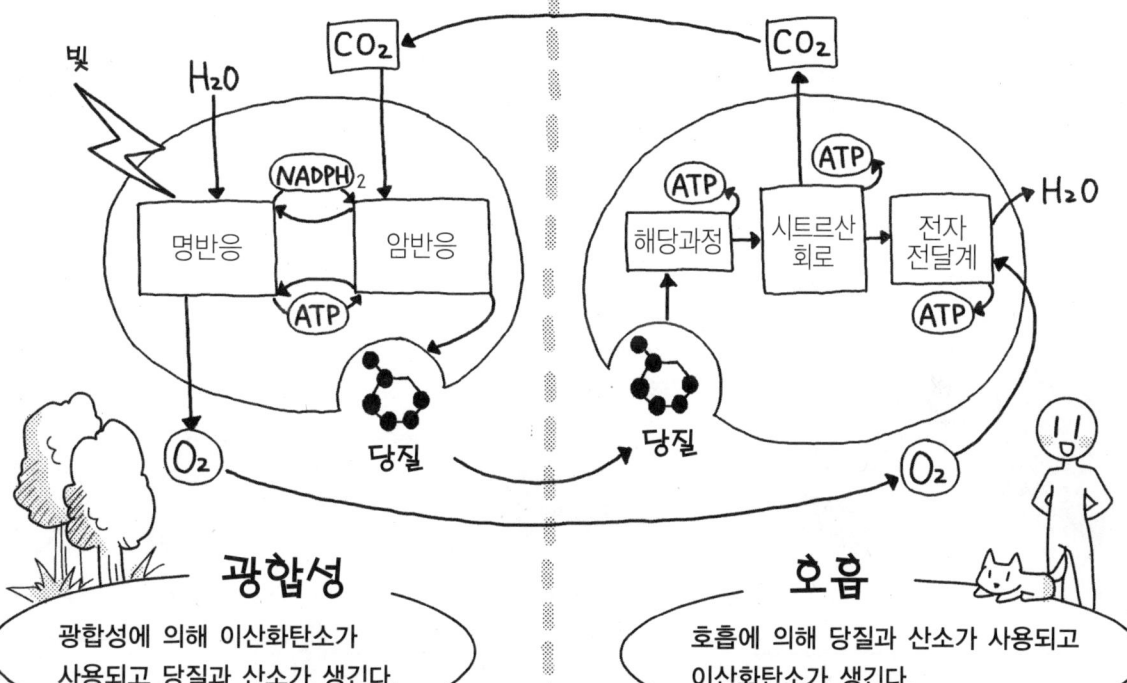

광합성
광합성에 의해 이산화탄소가 사용되고 당질과 산소가 생긴다.

호흡
호흡에 의해 당질과 산소가 사용되고 이산화탄소가 생긴다.

이 두 가지가 지구전체에서 균형을 이루고 있기 때문에 **생태계는 유지되고 있는 것이지.**

삼림파괴가 어떤 결과를 초래할지는 생화학의 관점에서 바라보면 아주 쉽게 알 수 있어.

지구 전체의 평형이 무너지겠구나.

우리들의 밥을 위해서라도 풍요로운 지구로 남아 있으면 좋겠다.

그렇지...

4. 에너지 화폐·ATP

　광합성으로 만들어 낸 포도당을 주요 영양원으로 하여, 동물(물론 식물 자신도)은 호흡을 하고 생명활동에 필요한 에너지를 만들어 냅니다.
　이 장에서도 설명해온 것처럼 그 에너지라는 것은 어떤 화학물질인데, 그 이름은 '아데노신 3인산(adenosine triphosphate)', 줄여서 'ATP'라고 합니다.
　이 세상에는 아직 어떤 나라에서나 공통으로 사용할 수 있는 화폐가 없지만, 생물의 세계에서는 이미 매우 선진적인 시스템을 갖추고 있습니다. 생산한 에너지를 ATP의 형태로 보존하기도 하고, 소비하기도 하는 모습은 경제사회에서 화폐의 역할과 비슷합니다. 즉 이 ATP는 어떤 생물이라도 공통으로 사용할 수 있는 '에너지 화폐'입니다.
　…그렇다고 해서 생물들끼리 별다르게 ATP를 주고받는 것은 아닙니다. 박테리아에서부터 인간에 이르기까지, 대체로 '생물'이라고 이름 붙인 것이라면 모두 이 ATP를 에너지로 이용하고 있기 때문에 그렇게 이야기합니다.

　그렇다면 어째서 ATP는 '에너지 화폐'인 것일까요? 도대체 어떤 식으로 '화폐'로 기능하는 것일까요?
　ATP는 다음 페이지의 그림처럼 아데노신에 3개의 인산기가 일렬로 붙어 있습니다. 그런데 가장 바깥쪽에 있는 인산기가 떨어져 나가 ADP(아데노신2인산)와 무기인산(P_i)으로 분해될 때, '7.3kcal(31kJ)/mol'의 에너지가 나오게 됩니다.

　그렇기 때문에 ATP를 시험관 내에서 가수분해하면, 이 에너지에 의해서 주위의 물이 약간 따뜻해지는 것입니다.
　다만 실제 세포 속에서는 ATP의 가수분해에 의해 얻어진 에너지가 주위의 물을 덥히는 대신, 효소가 화학반응을 촉매하거나, 근육을 움직이고, 신경신호를 전달할 때의 에너지로서 사용됩니다.
　그리고 이 메커니즘이야말로 '만국공통'인 것입니다.

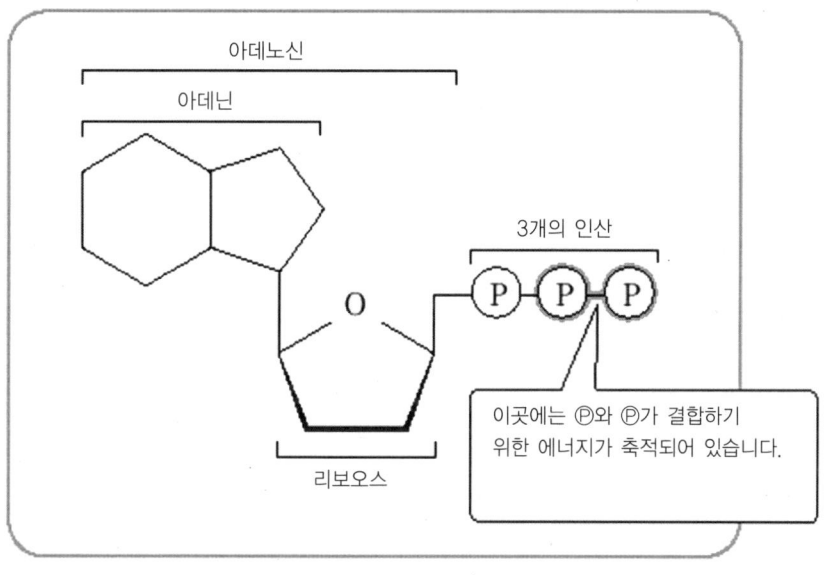

아데노신3인산(ATP)

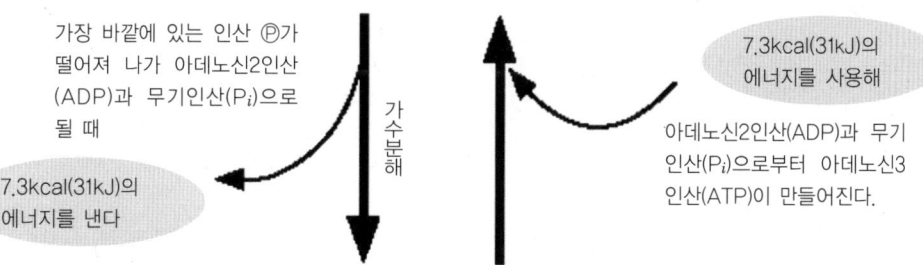

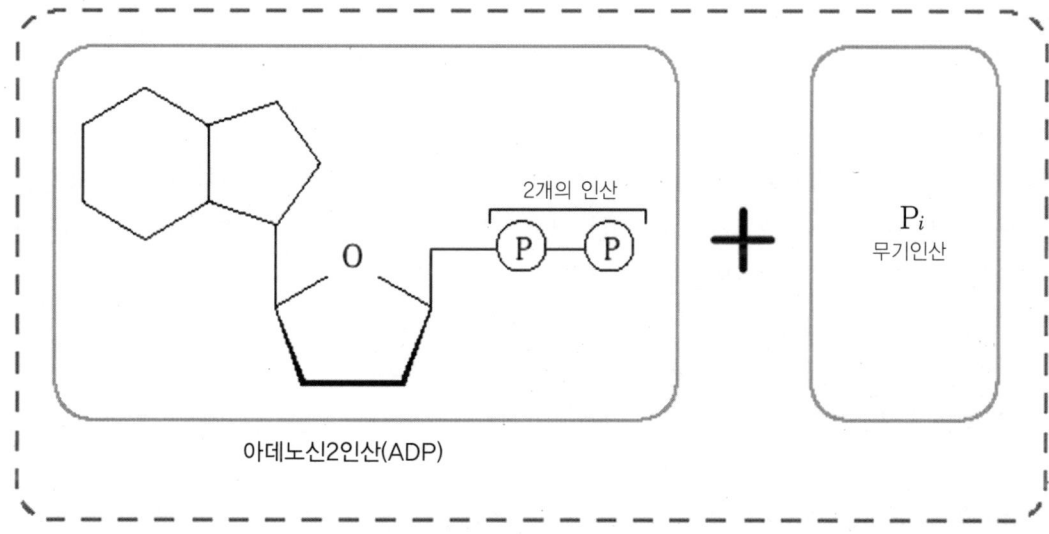

제2장 광합성과 호흡

5. 당질(단당)의 형태

● 알도오스와 케토오스

당질(단당)의 기본적인 형태의 하나로서, 첫 번째의 탄소가 알데히드기를 형성하고 있는 것을 설명했었습니다(p.75를 참조). 실은 단당에는 첫 번째의 탄소가 알데히드기를 형성하고 있는 것과, 두 번째의 탄소가 케톤기를 형성하고 있다는 사실이 알려져 있습니다.

이 알데히드기를 가지고 있는 단당을 **알도오스**, 케톤기를 가지고 있는 단당은 **케토오스**라고 하며 분류하고 있습니다.

알도오스의 대표적인 것은 '포도당(글루코오스)'과 '갈락토오스' 등이고, 케토오스의 대표적인 것은 '과당(프룩토오스)' 등 입니다(프룩토오스에 대해선 제3장을 참조).

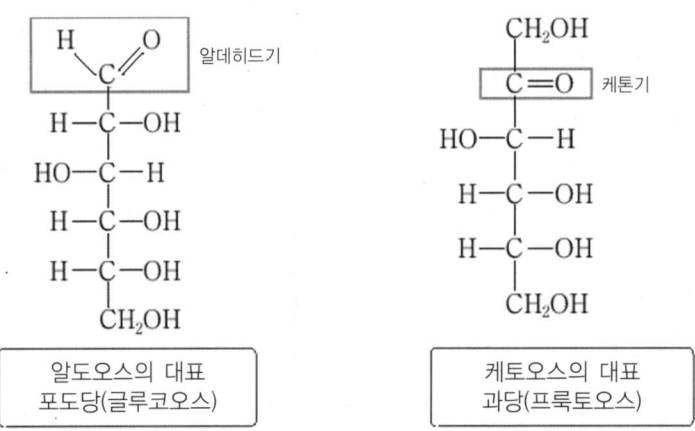

● 피라노오스와 푸라노오스

단당이 환상구조를 만들 때, 글루코오스의 경우는 육각형 모양을 취한다는 것을 설명했었는데, 실은 오각형의 형태를 띠는 경우도 있습니다. 5개의 탄소와 1개의 산소로 이루어진 6원환 모양을 가진 것을 **피라노오스**(pyranose), 4개의 탄소와 1개의 산소로 5원환의 모양을 가진 것을 **푸라노오스**(furanose)라고 합니다.

포도당(글루코오스)은 일반적으로는 피라노오스의 형태를 가지지만, 극히 드물게 푸라노오스가 되는 경우도 있습니다. 이런 경우 전자를 '글루코피라노오스', 후자를 '글루코푸라노오스'라고 불러 구별합니다.

또한 케토오스의 대표인 과당(프룩토오스)도 환상구조를 만들 때 피라노오스가 되는 경우도 푸라노오스가 되는 경우도 있어, 각각 '프룩토피라노오스', '프룩토푸라노오스'라고 부릅니다.

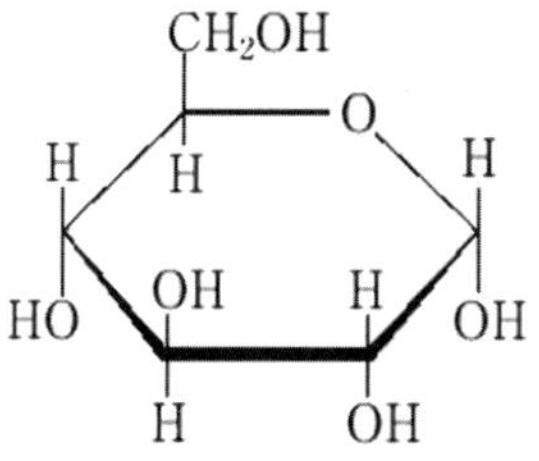

글루코피라노오스 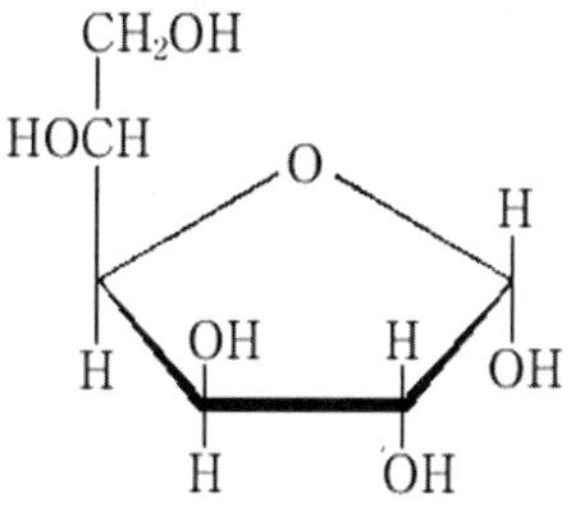 　　　　　글루코푸라노오스

● D형과 L형

　단당에는 서로 거울 대칭 관계에 있는 광학이성체라고 불리는 것이 존재한다고 알려져 있습니다. 이것을 'D형', 'L형'이라고 부르며, 이 책에 등장하는 단당은 모두 'D형'입니다. 예를 들어, 포도당에는 'D-포도당'과 'L-포도당'이 존재합니다.

　알데히드기(혹은 케톤기)에서 가장 멀리 있는 부제탄소(不齊炭素 : 4개의 '팔'로 결합되어 있는 물질이 모두 다른 탄소로, 포도당의 경우는 5번째의 탄소)의 OH가, 다음 그림의 사슬구조의 구조식(피셔 투영식)에서 우측에 있는 경우가 D형, 좌측에 있는 경우가 L형입니다. 이것을 기본으로 하여, 포도당의 경우 D형의 2번째에서 5번째까지의 탄소에 결합하고 있는 H와 OH가 모두 좌우가 반대로 된 것이 L형이 됩니다.

　이 2번째에서 5번째의 모든 H와 OH가 반전되어 있다는 사실이 아주 중요한데, 예를 들어 만약 포도당이 4번째의 H와 OH만 반전되어 버릴 경우, 갈락토오스라고 하는 또 다른 단당으로 변해 버립니다(p.76을 참조).

　또한 자연계에 존재하는 단당은 대부분이 D형으로 알려져 있습니다.

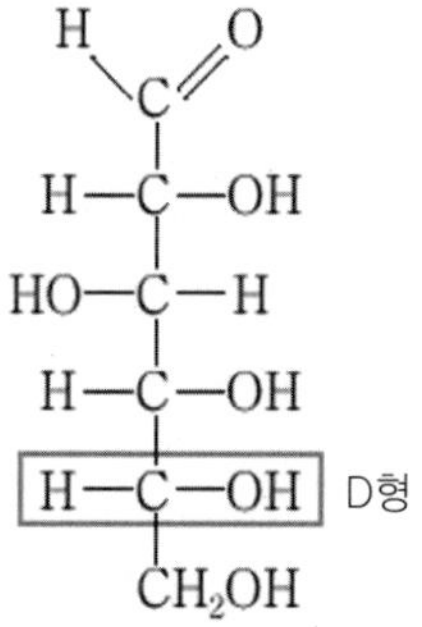

D-포도당 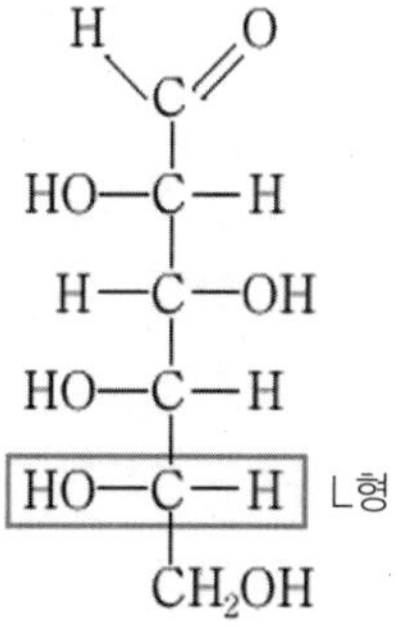　　　　　L-포도당

제2장 광합성과 호흡

6. CoA란 무엇일까?

해당과정에서 만들어진 피루브산은 시트르산 회로에 들어갈 때 **활성아세트산**(아세틸 CoA)이라는 물질이 됩니다. 이 CoA란 것은 대체 무엇일까요?

CoA란 coenzyme(코엔자임) A(보조효소 A)의 약칭입니다. 아래에 그 구조식을 나타냈습니다. 아데노신3′-인산의 5′번째의 탄소에 인산이 2개 나란히 결합하고, 다시 '판토텐산'이라는 비타민의 일종과 '2′-메르캅토에틸아민'이 결합한 물질입니다. 이 중, 그림에서 음영부분을 '포스포판테테인기(基)'라고 부르며, 아세틸기와 지방산의 탄화수소 사슬을 운반하기 위한 '운반체'로서 작용합니다. 아세틸 CoA는 이 '거대'한 분자의 끝에 아세틸기가 결합한 것입니다.

CoA의 구조

또한 CoA와 아주 비슷한 작용을 하는 단백질에 ACP(acyl-carrier protein)가 있습니다. ACP는 제3장에서 지방산 합성, β산화를 이야기할 때 등장하는데, 마찬가지로 포스포판테테인기를 가진 '운반체'로, CoA와 다른 점은 포스포판테테인기가 아데노신 3′-인산이 아닌 ACP의 세린(아미노산의 일종)과 결합하고 있다는 것입니다.

'보조' 효소라고 할 정도이므로, 그 이름대로 CoA는 대사경로의 화학반응을 돕기 위한 '장소'를 제공하는 역할을 맡고 있는 것입니다.

제3장
생활 속의 생화학

1. 지질과 콜레스테롤

■ 지질이란 무엇일까?

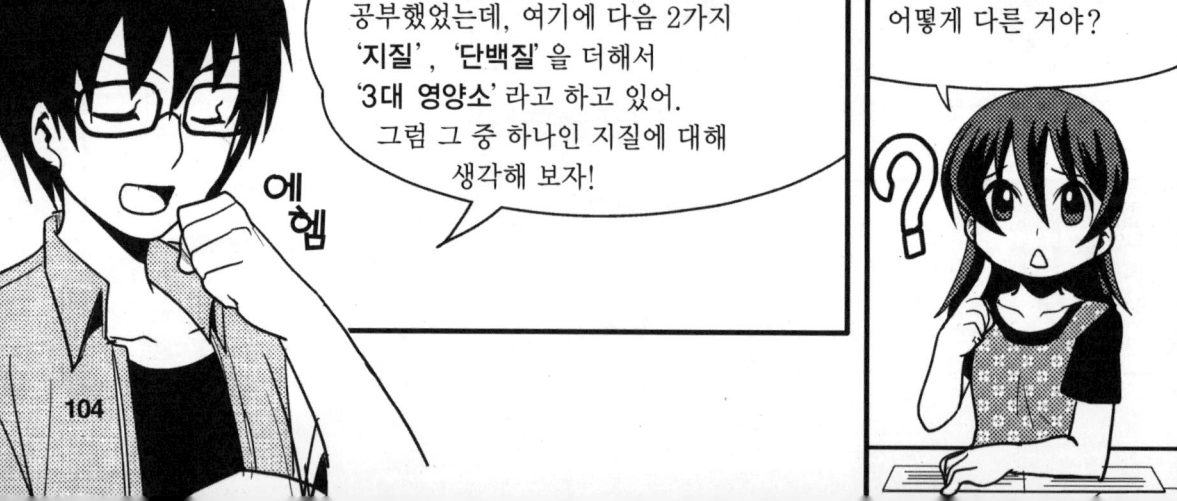

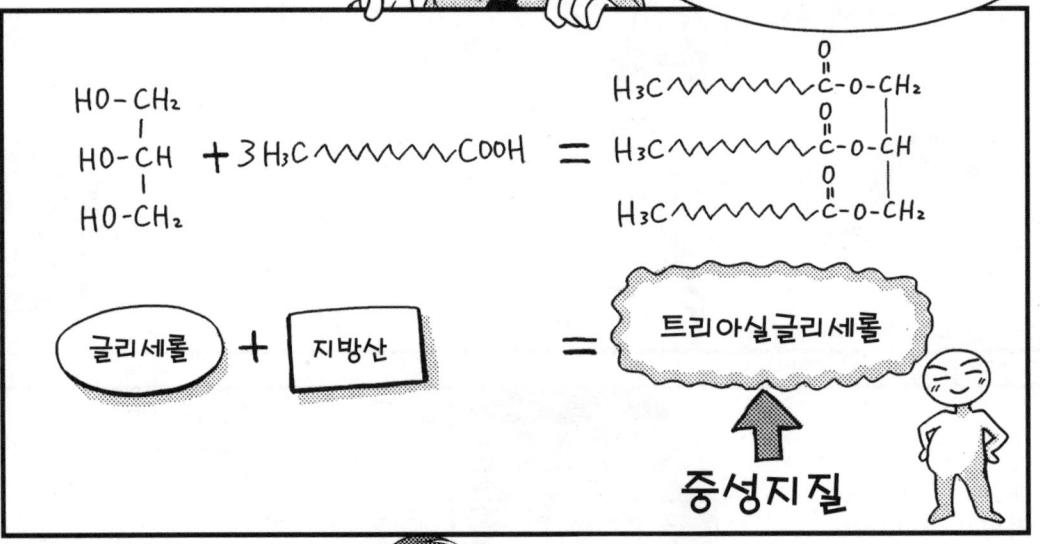

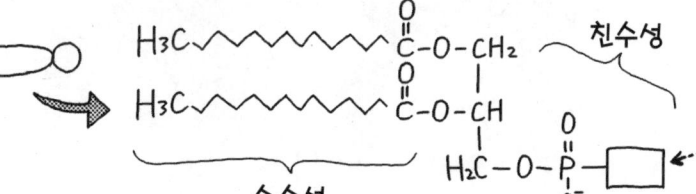

→ 지방산

지방산은 에너지원이 되고, 인지질이 돼서 세포막을 형성하는 재료이기도 해. 지방산이 없어지면 인간은 살아갈 수가 없는 거지!

아… 그렇구나… 웬지 의외인걸! 적이라고 생각했었는데.

우선은 지방산의 구조를 살펴보자.
지방산은 탄소(C)가 수 개에서, 많게는 수십 개나 가로로 연결된 구조를 하고 있는데, 실제로 우리 몸속에 있는 지방산에서 C의 수는 12개에서 20개 정도이지.

$(CH_3(CH_2)_{12}COOH)$

카르복시기

지방산

그리고, 그 긴 사슬(탄화수소 사슬이라고 합니다.)의 가장 끝은 '카르복시기(-COOH)'라고 불리는 구조로 되어 있어.

가로로 이어진 각각의 탄소(C)에는 대부분 수소(H)밖에 연결되어 있지 않기 때문에, 당질과 같이 수산기(OH)가 있는 덕분에 물에 친해지기 쉬운 성질이 없다는 거야(당질에 대해서는 p.75를 참조).

흐음. 아! 물과 기름이라는 비유도 있는 걸 보면, 역시 물에는 친해지기 어렵겠지.

우리 몸에는 C의 수가 16개가 넘는 지방산이 많이 존재하고 있어. 예를 들어, 팔미트산, 스테아르산, 리놀레산, 리놀렌산, 아라키돈산 등은 우리에게 있어서 아주 중요한 지방산이야.

제3장 생활 속의 생화학   **109**

와~, C가 잔뜩 있어! 지방산에도 여러 종류가 있구나~

팔미트산	$CH_3(CH_2)_{14}COOH$
스테아르산	$CH_3(CH_2)_{16}COOH$
리놀레산	$CH_3(CH_2)_4(CH=CHCH_2)_2(CH_2)_6COOH$
α-리놀렌산	$CH_3CH_2(CH=CHCH_2)_3(CH_2)_6COOH$
아라키돈산	$CH_3(CH_2)_4(CH=CHCH_2)_4(CH_2)_2COOH$

분자의 중간에 '이중결합'이 있는 경우, 이렇게 씁니다

 지방산에는 위의 그림과 같이, 분자 중간에 탄소끼리의 **'이중결합'** 이 있는 것과 없는 것이 존재해.

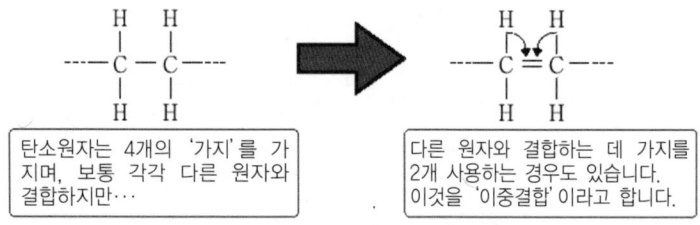

탄소원자는 4개의 '가지'를 가지며, 보통 각각 다른 원자와 결합하지만…

다른 원자와 결합하는 데 가지를 2개 사용하는 경우도 있습니다. 이것을 '이중결합'이라고 합니다.

 이와 같은 이중결합을 한 탄소를 **'불포화탄소'** 라고 하지.
그리고 불포화탄소가 있는 지방산을 특히 **'불포화지방산'** 이라고 하는 거야.
불포화지방산은 그렇지 않은 지방산에 비해 낮은 온도에서도 액체인 채로 유지되며, 고체가 되기 어렵기 때문에 유연성이 중시되는 세포막, 즉 인지질의 성분으로서 다량 함유되어 있다고 알려져 있어.

 그렇구나. 이중결합이 많으면, 굳어지기 힘들다는 거구나.

 그렇지. 이중결합이 많을수록, 지방산이 고체에서 액체로 변화하는 온도 — 융점은 낮아져. 이처럼 **탄소의 수 그리고 탄소끼리의 이중결합의 수에 따라서, 지방산의 종류와 성질은 크게 달라지는** 거야.
그것이 결과적으로 지질의 성질을 결정하는 것이지.

콜레스테롤은 스테로이드의 동료

 그런데, 이번 질문의 주역은 '콜레스테롤'이었지?

 그래그래! 지질이나 지방산은 이제 알았는데, 콜레스테롤은 도대체 어떤 거야?

 콜레스테롤도 지질의 동료이지만, 실제로는 이런 형태를 하고 있어.

 3개의 육각형과 1개의 오각형이 위의 그림과 같이 조합된 것을 **'스테로이드 골격'** 이라고 부르며, 이것을 기본형으로서 유지하도록 하는 지질을 **'스테로이드'** 라고 하는 것이지.

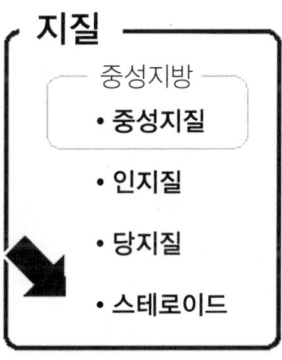

 흐음, 그럼 콜레스테롤도 스테로이드의 일종인거네!

콜레스테롤의 작용

콜레스테롤이 스테로이드의 일종이란 건 이제 알겠지만…
그런데, 스테로이드가 뭐지…?
약국 같은데서 들어본 것 같기도 한데, 잘 모르겠어.

보통 '스테로이드'라고 하면, 무심코 약을 연상하게 되는 경우가 많겠지만, 우리 몸속에는 콜레스테롤처럼 다양한 '스테로이드'들이 존재해.

예를 들면, '스테로이드호르몬'이라고 불리는 호르몬이 있지.
가장 유명한 것은 '성호르몬'이야. 이것들은 남성이 남성이기 위해서, 여성이 여성이기 위해서 반드시 필요한 호르몬이지.

여성스러움을 위해 필요한 거구나!
그래그래, 그건 중요한 호르몬이야!

주로 남성의 정소에서 만들어지는 성호르몬의 일종인 '테스토스테론'은, 실은 콜레스테롤을 재료로 해서 만들어지지.
태반 등에서 분비되는 '프로게스테론'이라는 호르몬(황체호르몬)도 또한 콜레스테롤로 만들어지는 거야.

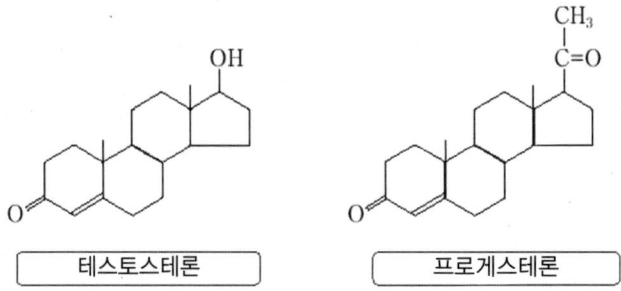

또한, '비타민 D'도 스테로이드의 동료로, 역시 콜레스테롤에서 만들어지고 있어. 피부에 자외선이 닿으면서 만들어지기 때문에, 우리가 햇볕을 쬐인다는 것은 중요한 일이지.

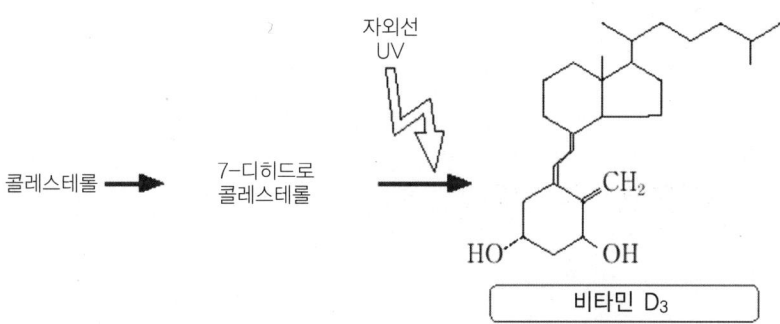

그밖에도 콜레스테롤은 소장에서 지방분을 소화·흡수하는 데 필요한 '쓸개즙*'의 재료가 되는 등 아주 중요한 역할을 하는 거야.

※ 간에서 만들어져 쓸개에 저장되고, 십이지장으로 분비됩니다.

 우와 —! 콜레스테롤에 중요한 역할들이 여러 가지 있구나!!
뭐랄까, 이것도 의외인데…

 그렇지. 쿠미네 아버님처럼 건강에 신경을 쓰시는 분에게 콜레스테롤이라면, 바로 동맥경화나 비만 같은 부정적인 이미지가 붙어있을지 몰라. 하지만 사실은 콜레스테롤은 우리의 몸에서 이처럼 아주 소중한 물질이야.

 으~음. 잘 모르겠어… 왜 우리 몸에 소중한 물질인데도 병이나 건강에 안 좋은 이미지가 있는 것일까?
머리가 복잡해. 대체 어떻게 된 거지?

 이제 슬슬 그 수수께끼를 풀어가야겠군…

동맥경화란 무엇일까?

 그런데, 상상을 한번 해 볼래? 혈액 속에 LDL(나쁜 역)의 농도가 높고 HDL(착한 역)의 농도가 낮으면 어떻게 될 것 같니?

 으-음. 콜레스테롤은 점점 말초조직… 동맥 같은 데로 운반되어 가서, 혈관 벽에 쌓여 버리겠지…

 그래 맞아. 콜레스테롤 등이 혈관에 쌓여, 혈관의 내부가 좁아지게 되고, 혈액의 흐름을 방해하게 돼. 이것을 **동맥경화**라고 하는 거야.

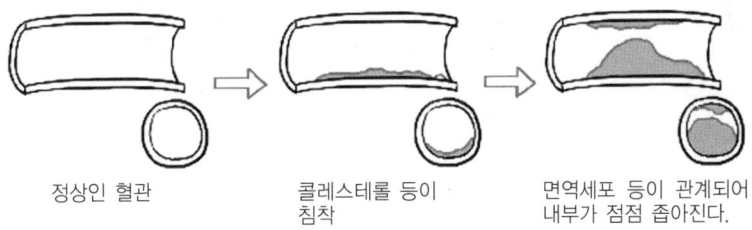

정상인 혈관 → 콜레스테롤 등이 침착 → 면역세포 등이 관계되어 내부가 점점 좁아진다.

혈관이 두껍고 딱딱해지면서 증상이 진행되면, 다양한 병을 유발해 사망에 이르는 경우도 있지.

 그, 그렇게… 활기차게 설명하지 말아줘…

 전형적인 동맥경화인 '죽상(아테롬성), 동맥경화증'은 다음과 같은 메커니즘으로 일어나는 것으로 생각되고 있어. 즉, 손상 등을 입게 된 혈관 내벽에 LDL 콜레스테롤 등이 침착되면, 이것을 '매크로파지(macrophage)' 같은 대식세포*가 먹고 '포말세포'라고 불리는 지방덩어리의 뚱뚱한 세포가 쌓여 버리지.

※ 대식세포=뭐든지 왕성하게 먹어치우는 세포. 주로 면역 시스템의 일원으로서 작용한다.

그렇게 되면, 혈관의 벽을 만들고 있는 평활근세포도 이상한 형태로 증식하게 되고, 결과적으로 혈관 벽의 구조가 크게 바뀌면서, 혈관 벽은 점점 딱딱하고 두꺼워지게 되는 거야.

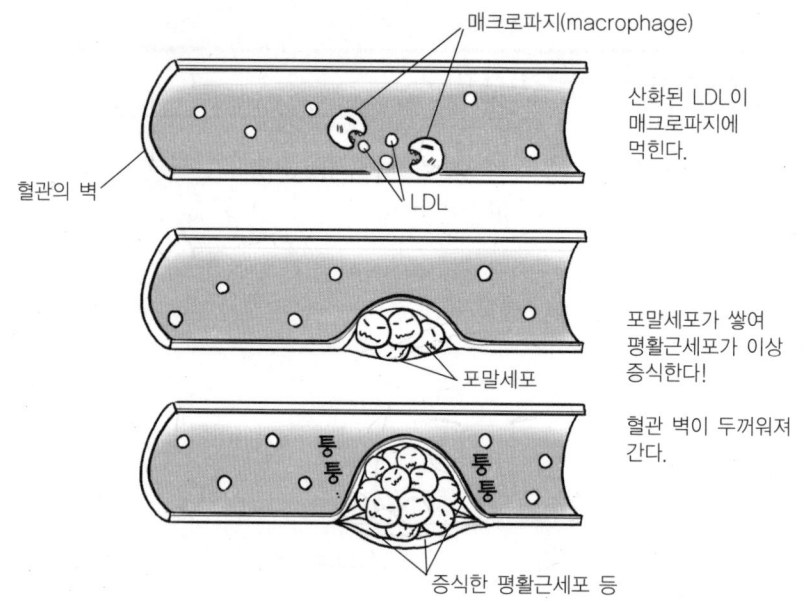

 콜레스테롤이 계기가 돼서, 모두 증식해 버리니 위험해지는 거구나…무섭다… 그런데 왜 죽상 동맥경화증이라고 하는 거야? 죽은 콜레스테롤과 관계가 없는 것 같은데…

 뚱뚱하게 살찐 혈관에 축적된 콜레스테롤이 죽같이 걸쭉하기 때문이지.

 싫어ㅡㅡㅡ!

 동맥경화는 다음과 같이 다양한 병들을 일으키는 원인이 돼.

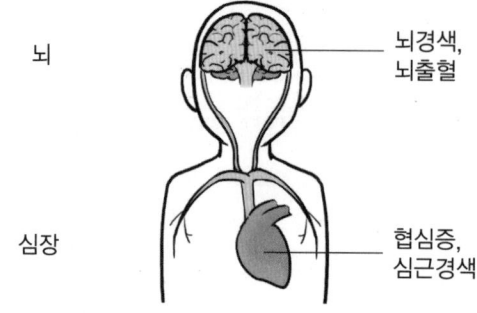

수수께끼 1 콜레스테롤은 정말 나쁜 것일까?

- 콜레스테롤은 '리포단백질' 형태로 혈액 속으로 운반되는데, 여기에는 좋은 역할(HDL)을 하는 것과 나쁜 역할(LDL)을 하는 것이 있다.
- LDL 속의 콜레스테롤은 조직으로 운반되고, HDL 속의 콜레스테롤은 조직으로부터 간장으로 운반된다. 그 밸런스가 중요하다.
- 콜레스테롤은 호르몬을 만들거나 하는 중요한 물질이다. 하지만 너무 섭취하면, 동맥경화에 의해 심각한 병을 유발하게 된다!

정리해 봤어요!

2. 비만의 생화학 ~ 지방은 어떻게 축적되는가?

■ 섭취 에너지와 소비 에너지

※ 정확하게 표현하자면, 먹어도 그대로 배출되는 것도 있기 때문에,
섭취하여 체내에 흡수된 당질, 지질, 단백질이라고 하는 편이 옳은 표현이다.

제3장 생활 속의 생화학

동물에게는 지방을 유지하는 메커니즘이 있다

 원래부터 동물에게는 일정 수준의 지방을 몸에 유지하는 메커니즘이 있어. 과식을 해서 지방이 쌓이면, 그것이 신호가 되어 뇌에 전달되어서 먹는 양을 줄이도록 하고, 반대로 지방이 줄어들거나 기아상태가 되면, 지방의 수준이 원래대로 돌아갈 때까지 먹도록 하는 거야.

 으음. 냉엄한 자연에서 살아가는 동물의 본능이겠지. 너무 살이 쪄버리면 사냥을 할 수 없게 될 것이고, 그렇다고 너무 마르면 굶어 죽을 염려가 있고…

 그렇지. 예를 들어, 당뇨병의 치료약으로도 유명한 '**인슐린**'이라는 단백질성분의 호르몬은 혈액 속의 당(포도당)을 근육이나 지방조직 등에 흡수시켜, 글루코겐이나 지방으로 저장하는데, 그 결과 혈당량을 낮추는 작용을 하게 되지.

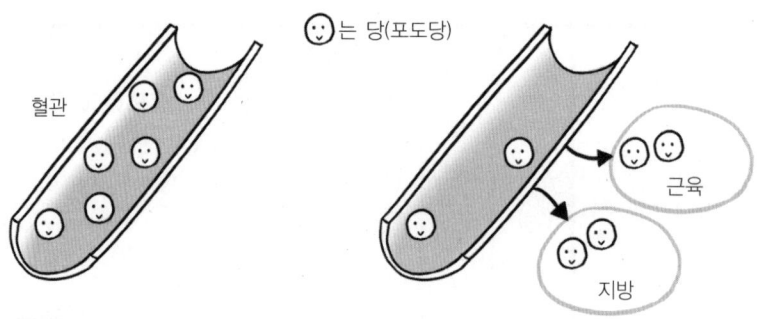

 흠. 혈액 속에 포함된 당의 농도가 혈당량이라는 거구나.
그 포도당이 제대로 근육이나 지방에 흡수되면, 혈액 속 당의 농도는 내려가고.

 여기에 한 가지 더하면, 뇌의 '시상하부'라는 곳에 존재하는 신경세포의 세포막에는 '**인슐린 수용체***'라고 하는 단백질이 있다는 것이 알려져 있어.

※ 인슐린 수용체는 신경세포뿐만 아니라, 몸의 다양한 세포의 세포막에 존재하고 있습니다.

아무튼 **인슐린은 시상하부에 신호를 보내, 동물의 섭식행동과 지방의 수준을 조절**하고 있는 것 같아.

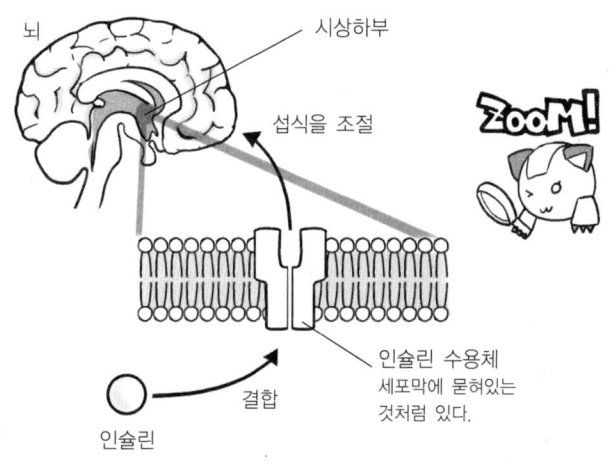

 이 인슐린 수용체를 인공적으로 만들 수 없게 한 쥐는 극도의 비만상태가 되지. 인슐린은 시상하부의 인슐린 수용체에 결합함으로써, 신경계를 통해 섭식행동을 제어한다는 거야.

 와! 너무 먹지 않도록 뇌에게 명령이 간다는 말이야?
그런 기능이 있구나! 놀라운데.

 한편, 지방조직만으로 만들어지는 '**렙틴**'이라는 단백질도 지방조직에서의 지방의 축적 상황을 인슐린처럼 시상하부에 존재하는 '렙틴 수용체'를 매개해서 뇌에게 알려주고, 식욕을 제어하도록 하는 기능을 하고 있다고 알려져 있어.

 그렇구나. 인슐린이나 렙틴 모두 식욕을 제어하는 중요한 단백질이네.

그 증거로, 렙틴 유전자에 문제가 생긴 쥐도 역시 뚱뚱하게 살이 쪄 버리게 돼…

 싫다! 렙틴이 제대로 기능을 다하지 못하면, 살이 찌는 거라니… 살이 쪄 버린다니….

 정상인과 비만인의 혈액 속 렙틴 농도를 측정해 보면, 모두 지방의 양에 비례한 값을 얻을 수 있어. 제한없이 먹고 점점 비만이 되 버리는 사람은, 렙틴을 만들어 내는 능력은 정상인과는 차이가 없지만, 정상인은 그것이 식욕조절로 정확히 연결되는데 반해, 비만인 사람은 그렇지 못해. 즉, 렙틴에 대한 저항성을 가져 버린다고 생각할 수 있지.

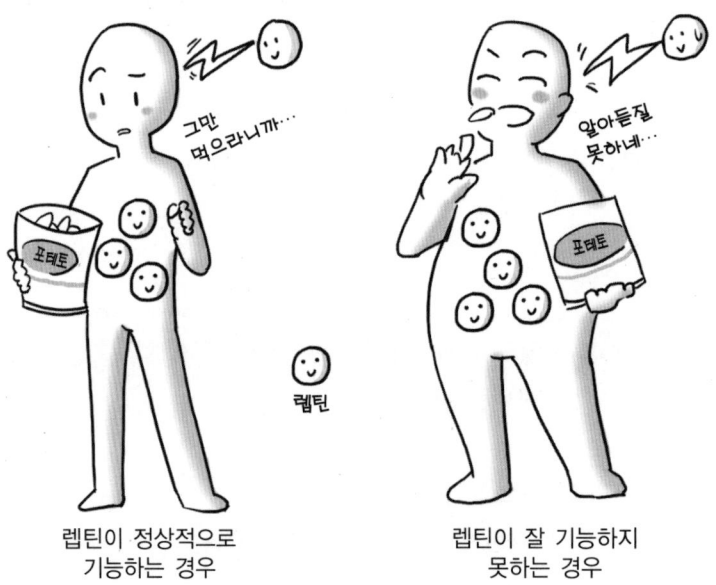

렙틴이 정상적으로 기능하는 경우   렙틴이 잘 기능하지 못하는 경우

 너무 무섭다. 인슐린이나 렙틴의 기능이 제대로 작용하지 않으면, 자꾸 자꾸 먹어도 식욕이 가라앉지 않는다는 것인가…

 이 밖에도 다양한 물질들이 관련되어, 지방 수준과 식욕 등의 밸런스를 유지하고 있다고 알려져 있어.

※ 외부환경과 물질을 계속 주고받으면서, 체내환경을 항상 일정하게 유지하는 메커니즘을 호메오스테시스(homeostasis : 항상성)라고 합니다.

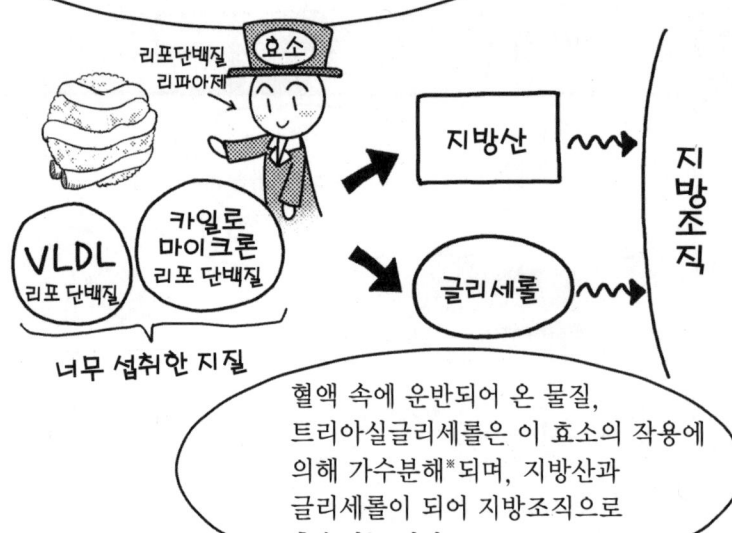

※ 가수분해란 효소가 '물'을 사용하여 기질을 분해하는 것을 말합니다. 자세한 것은 p.186을 참조.

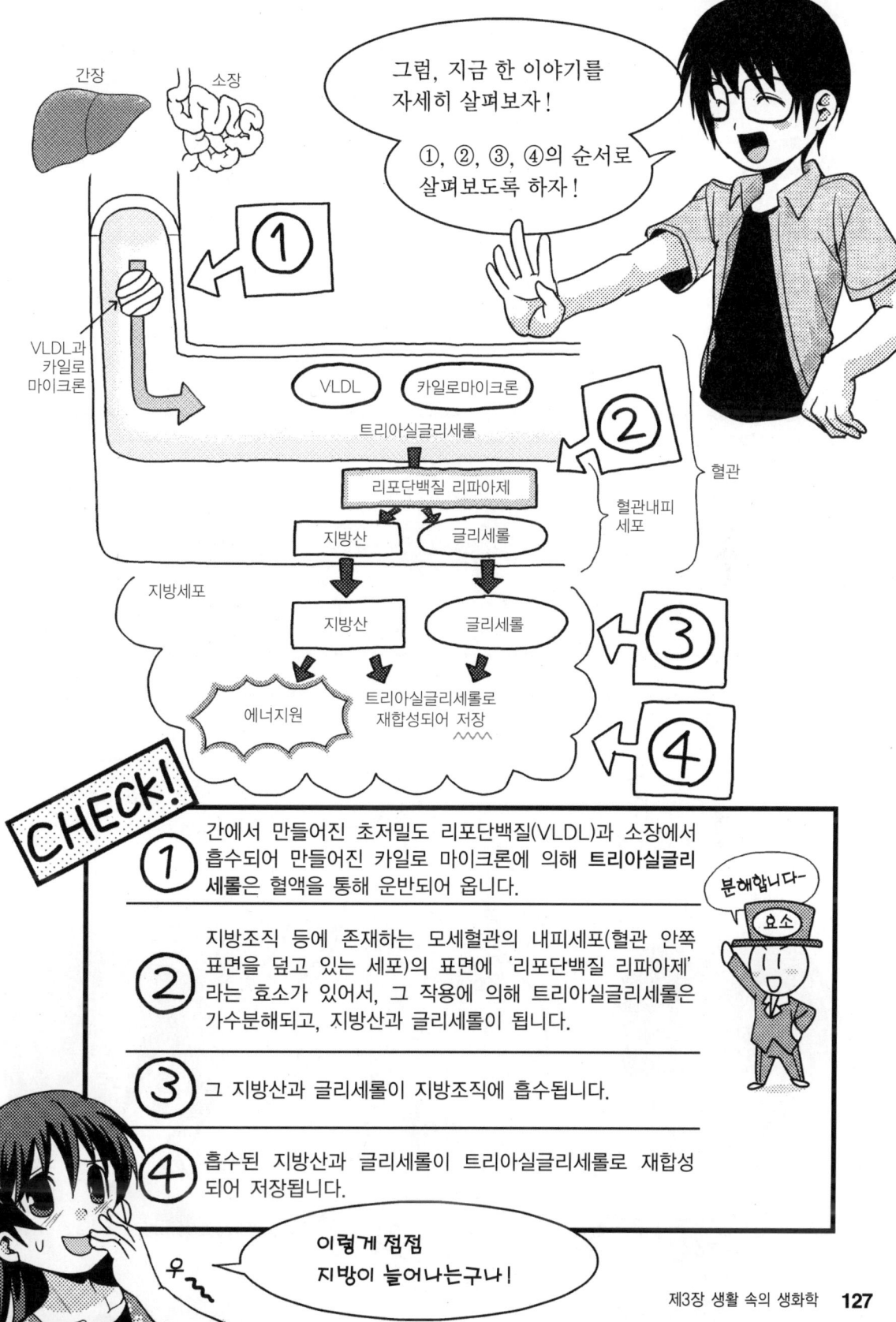

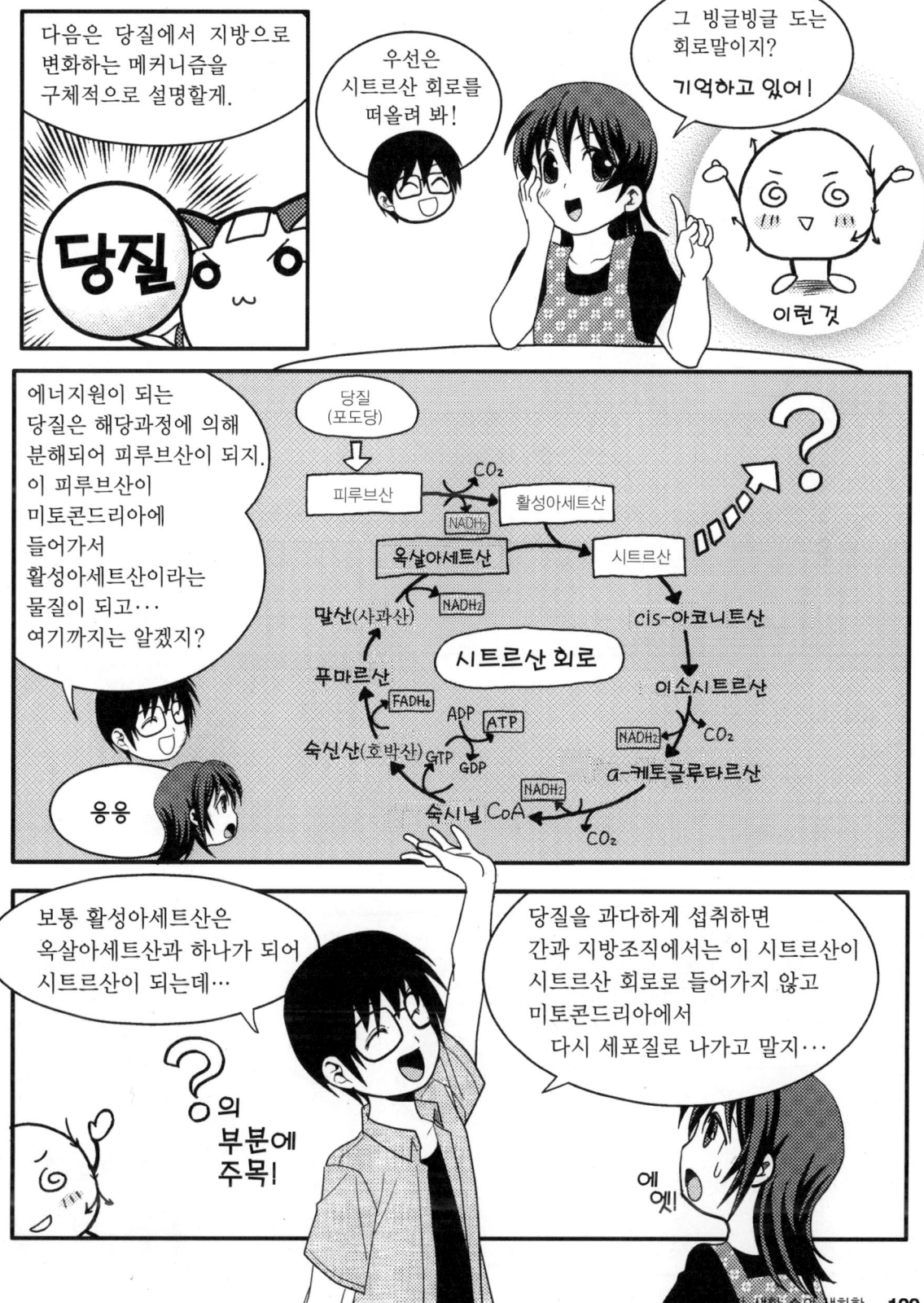

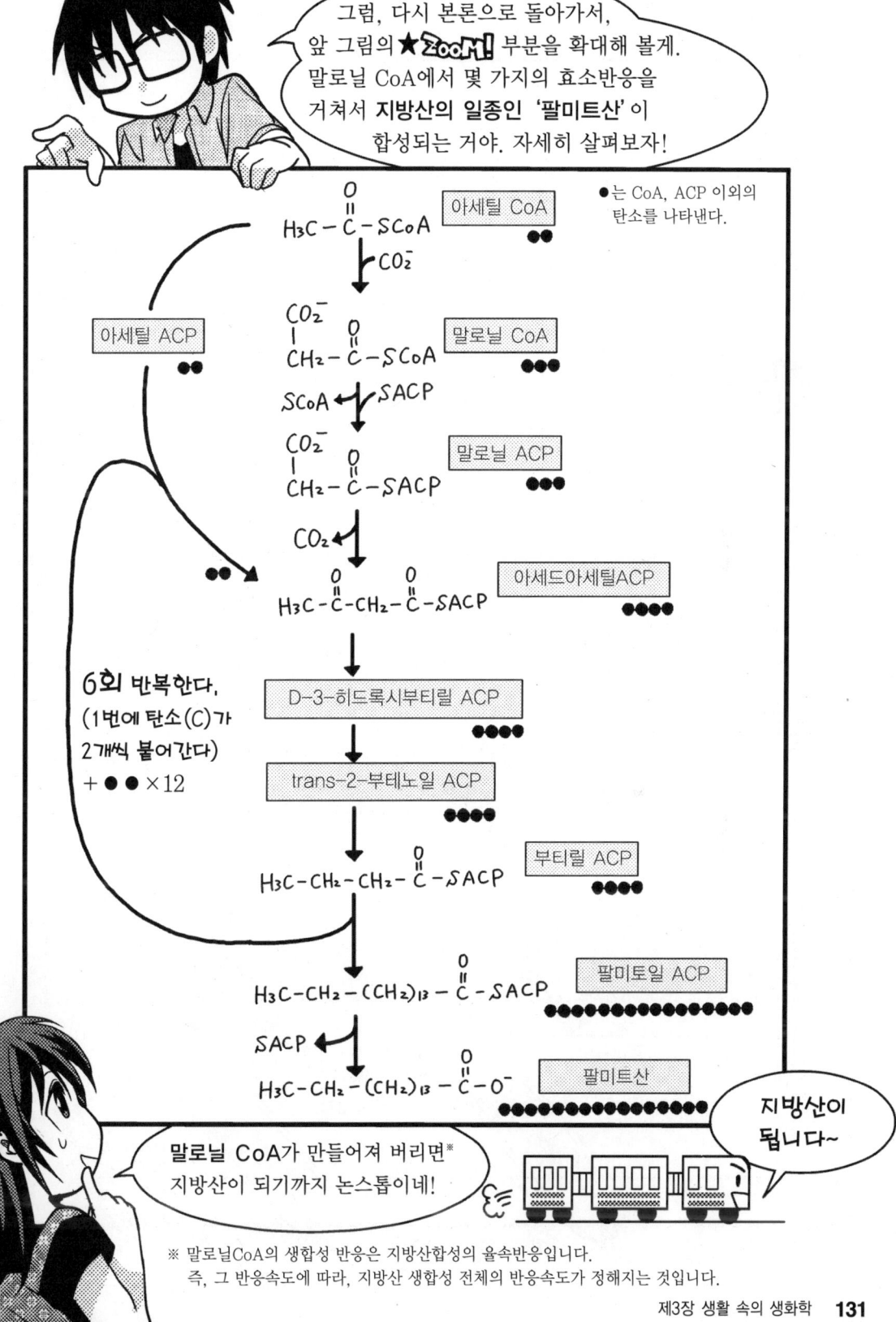

지방이 에너지원으로 사용될 때

지방이 생기는 메커니즘은 알았지만…
그럼, 이미 생겨버린 지방은 어떻게 해야 없어지는 거야~?

비만을 해소하기 위해서는, 저장된 지방을 자꾸 써서 없애는 수밖에 없어. 그렇다면, 어떻게 해야 지방이 소비되는 걸까?
여기서 우선 기억해 둬야만 할 것은 **당질과 지질이 있을 때, 우선적으로 당질이 에너지원으로 사용된다는 사실**이야.

당질과 지질이 많은 음식을 섭취하게 되면, 섭취 후에는 혈당량이 높아져서 최우선적으로 당질이 에너지 생산에 이용이 되고, 지질은 지방조직 등으로 저장되어 버리는 거지.

그런데, 당질이 다 사용되고 혈당량이 점점 낮아지기 시작하면, 그때 가서야 겨우 지질이 에너지원으로 이용되기 시작하지. 간단히 말해, 배에서 꼬르륵 소리가 나는 상태가 되면, 지질이 활발하게 에너지원으로 이용되고 소비되어 간다는 거야.

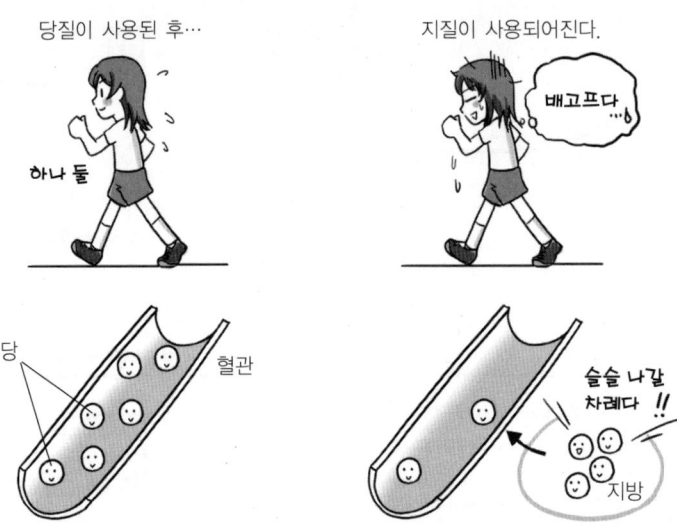

아~! 그래서 워킹과 같이 장시간 지속하는 편이 좋은 거구나~

 그래서, 이때 지방이 어떠한 대사과정을 거치냐 하면,
지방조직 속의 지방 즉 '**트리아실글리세롤**'이 우선 지방조직에 존재하는 가수분해 효소(호르몬 감수성 리파아제※)의 작용에 의해 '**지방산**'과 '**글리세롤**'로 분해 돼.

※ '호르몬 감수성 리파아제'는 p.126에 나왔던 '리포단백질 리파아제'와는 다른 것입니다.

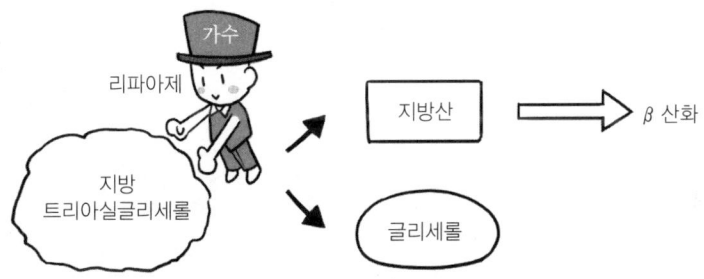

 이 지방산은 혈액 속으로 방출되어 몸의 각 장기나 근육 등으로 운반되는데, 그곳에서 '**β산화**'라는 화학반응을 하게 되지.

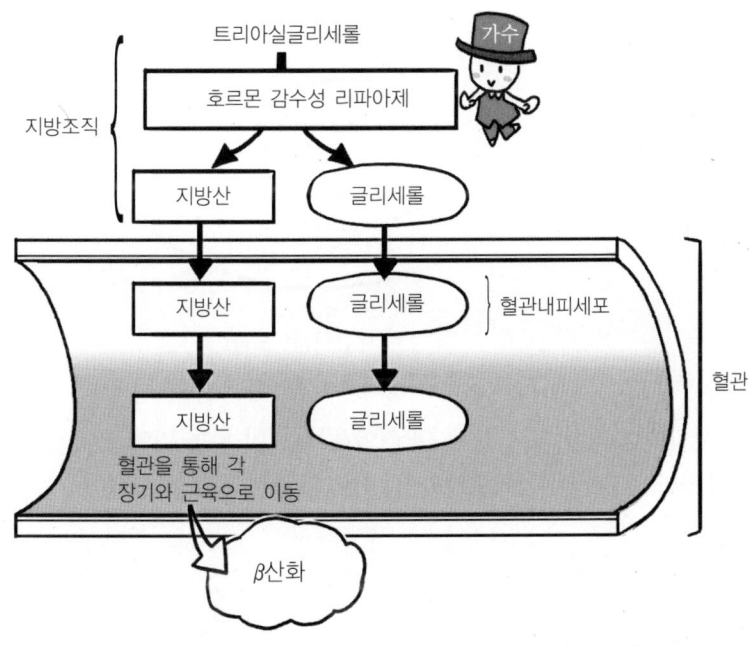

그 'β산화'라는 건 대체…??

 이제부터 꼼꼼하게 설명할거야. 우선은 이 그림을 보자.

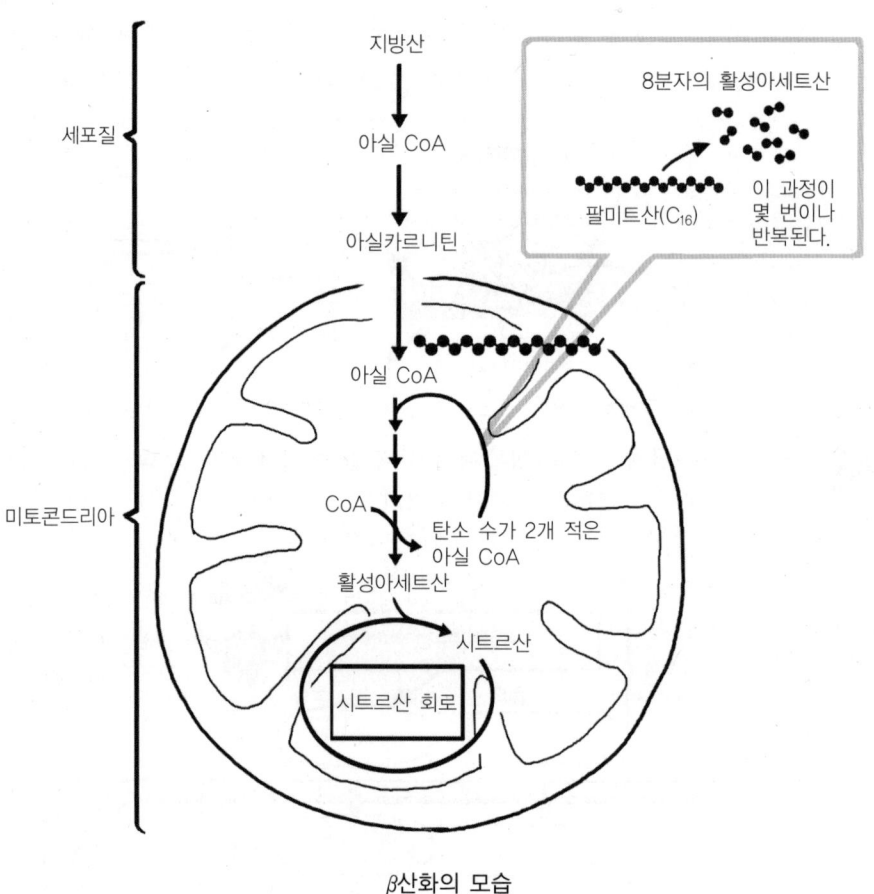

β산화의 모습

 β산화에 의해서, 지방산은 '활성아세트산'이 되는 거야. 활성아세트산은 아까도 나왔었지(p.129를 참조).

 시트르산 회로 공부할 때 첫 단계에서 나온 물질이네.

그래 맞아! 세포로 흡수된 지방산은, 세포질에서 '아실카르니틴'이라는 물질로 변화한 뒤, 미토콘드리아에 들어가서 활성아세트산으로까지 분해되는 거야.

지방산은 탄소의 수가 수십 개나 되고, 활성아세트산은 탄소수가 2개.
이 β산화에서는 지방산(정확히는, 그림에 있는 것처럼 미토콘드리아 안에서 생긴 (아실 CoA)으로부터 활성아세트산이 1분자씩(즉 탄소가 2개씩) 떨어져 나가도록 분해돼. 이 CoA가 붙어 있는 쪽에서 2개째의 탄소 위치를 'β위'라고 부르기 때문에 'β산화'라고 하는 것이지.

이 과정이 몇 번이나 반복되면서, 최종적으로 지방산의 모든 탄소가 활성아세트산이 되어 가는 거야. 예를 들어, 탄소의 수가 16개인 팔미트산의 경우 다음 그림과 같이…

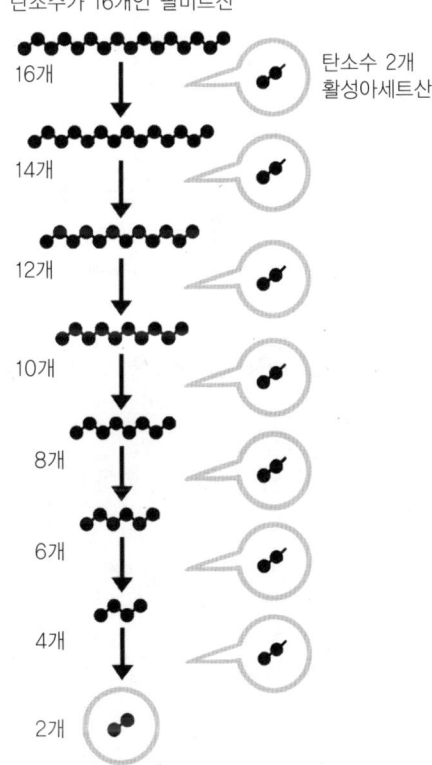

제3장 생활 속의 생화학 **135**

β산화의 사이클이 7번 반복돼서, 활성아세트산 8분자가 만들어지는구나!

 그렇지! 그리고 그곳에서 그대로 시트르산 회로로 들어가서, ATP가 만들어지게 된다는 것이지.

 지방을 연소시켜 다이어트를 한다! 고 했을 때, 체내에서는 이런 식으로 지방이 대사되고 있는 거구나.

 아까 지방산 합성에서 말로닐 CoA에서 팔미트산이 생긴다고 했었잖아? 이 팔미트산이 분해되면, 최종적으로 시트르산 회로, 전자전달계를 통해 총 129분자나 되는 ATP가 생기는 거야.

 와~! 그런데, 분명 포도당 1분자에서는 38분자의 ATP가 만들어졌었지? 129개라니 엄청 많은 거네!?

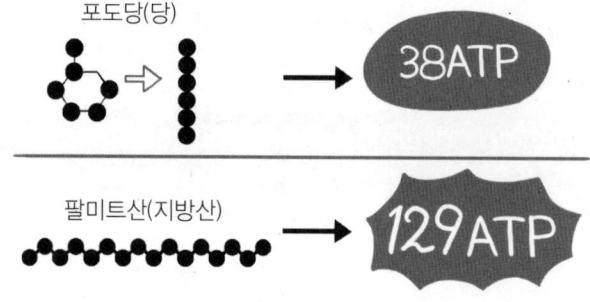

 응. 다시 말해, 지방산은 아주 효율이 좋은 저장물질이라는 것이지.

 우— 거꾸로 말하면, 그만큼 많은 에너지를 사용하지 않으면, 지방은 줄지 않는다는 거잖아—
다이어트의 어려움을 화학적으로 깨달은 기분이야…

수수께끼 2  과식을 하면 살이 찌는 이유는?

- 소비 에너지가 섭취 에너지보다 적으면, 몸은 그 여분의 에너지를 '지방'의 형태로 저장한다.

- 지방이 생기는 메커니즘은 대표적인 것이 2가지. 섭취된 지질, 즉 트리아실글리세롤이 그대로 지방으로서 축적되는 경우. 그리고 당질이 지방으로 변화해 버리는 경우.

- 지방은 효율이 좋은 에너지 저장물질이다.

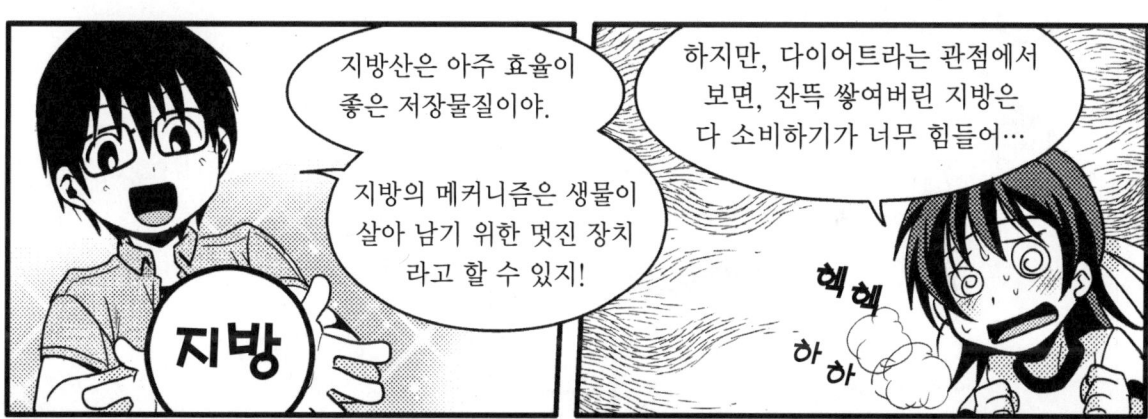

제3장 생활 속의 생화학   137

3. 혈액형이란 어떤 것일까?

→ 혈액형

 3번째 수수께끼는 **혈액형이란 어떤 것일까?** 이건 재밌을 거 같아~

 과학적이고 비과학적이고를 떠나서, 혈액형으로 자기도 모르게 사람의 타입을 구분하는 경우가 있잖아. 혈액형점이나 성격진단 같은 것이 좋은 예겠지.

 A형은 성실하다고 흔히 그러잖아. 참고로 나는 마이페이스인 B형! 우리 아빤 느긋한 O형, 엄마는 섬세한 AB형이야.

 흐흠. O형과 AB형 부부 사이에서 태어나는 아이는 O형도 AB형도 아닌 A형이나 B형이 되지. 그러니까 쿠미한테 동생이 있다면, 동생도 A형이나 B형이 되는 거야.

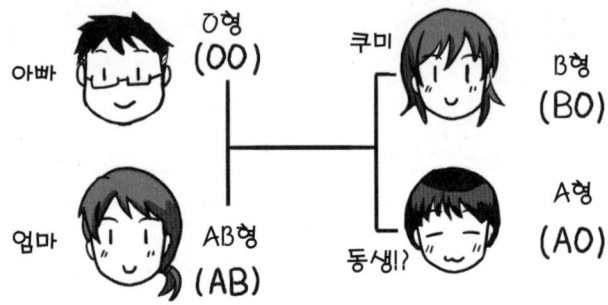

 나한테 동생이 있고 A형이었다면, 가족이 4종류의 모든 혈액형을 갖추는 거네 … 그래도 참 신기해. 닮은 것 같은 가족끼리도 혈액형이 제각각이고, 전혀 성격이 다른 사람과는 혈액형이 같기도 하니까! 애초에 혈액형이란 대체 무엇일까? 으음…

혈액형을 결정하는 것은 적혈구 표면의 당분자

 학교 수업에서 적혈구에 대해서 배웠었지?

 응! 혈액에 대량으로 포함되어, 혈액이 붉은 색인 원인이 되는 세포지? 이런 형태의…

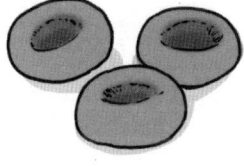

 그래 맞아. 실은 혈액형은 적혈구 표면에 돌출된 '당질'의 종류가 결정하고 있어. 적혈구를 포함한 많은 세포의 표면은 당질 분자로 된 '**당의(糖衣 : glycocalyx)**'에 의해 덮여 있어.

 에!? 여기서도 당질 이야기가 나오는 거네! 그런데 그 당의란 건 대체…?

 세포막이 인지질을 주성분으로 하는 '지질이중층'이란 건 공부했었지? 이 세포막에는 곳곳에 단백질이 파묻혀 있고, 그 바깥 표면에는 '**당질**' 분자가 붙어 있는 경우가 많아. 또한 지질이중층의 군데군데에는 '당지질'이 있는데, 이 당질 분자들이 모여서 '**당의**'를 만들어 내는 것이지.

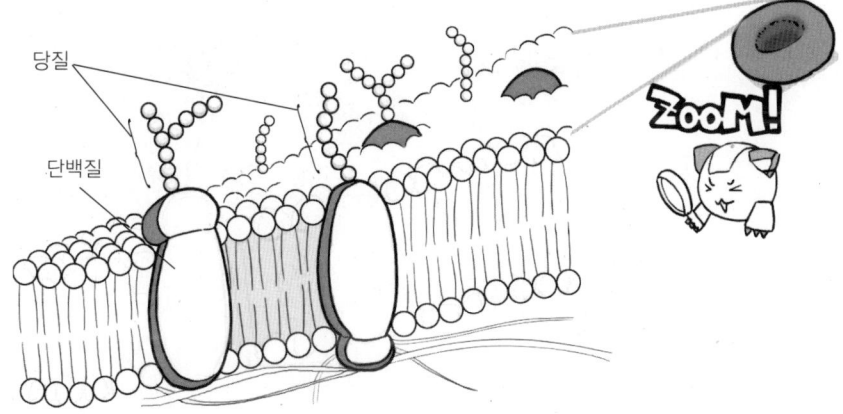

당질이 불쑥불쑥 나와 있는 것이 잔뜩 모여서 당의가 되는 거구나. 융단이나 모포처럼 털이 모여 있어서, 멀리서 보면 표면이 푹신해 보이는 거랑 비슷하다.

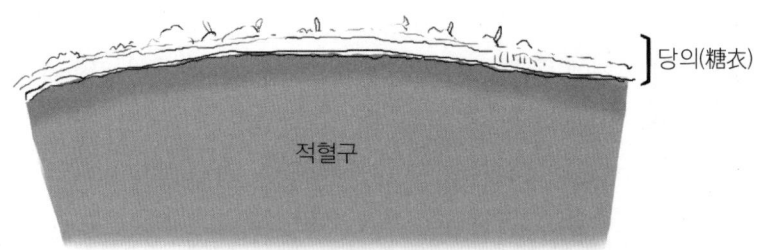

 그렇지. 자, '혈액형'이라고 불리는 것에는 100종류나 있는데, 그 중에서 1900년에 미국의 면역학자인 란트슈타이너(Karl Landsteiner)에 의해서 발견된 것이 유명한 **'ABO식 혈액형'** 이야.

 그 혈액형이 지금 우리가 A형, B형, AB형, O형이라고 하는 거구나.

 ABO식 혈액형은 적혈구 표면에 있는 **3종류의 당질 분자**가 결정하는데, 각각 여러 개의 단당이 연결된 **'당 사슬**(sugar chain)' 이라고 불리는 구조를 가지고 있어.

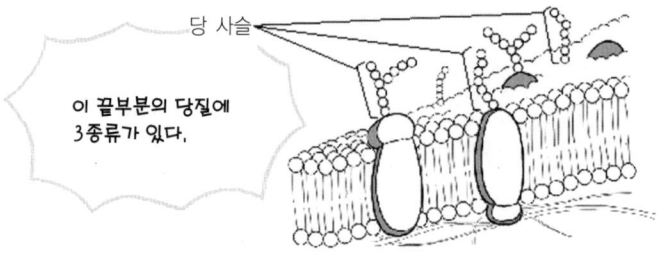

 그 튀어나온 부분이 세 종류가 있다는 거야?

혈액형에 관해 말하면 그렇지! 그리고 그 3종류의 차이점을 자세히 살펴보면, 다음과 같이 되어 있어. 제일 왼쪽 끝을 봐. 각각 끝부분이 다르지?

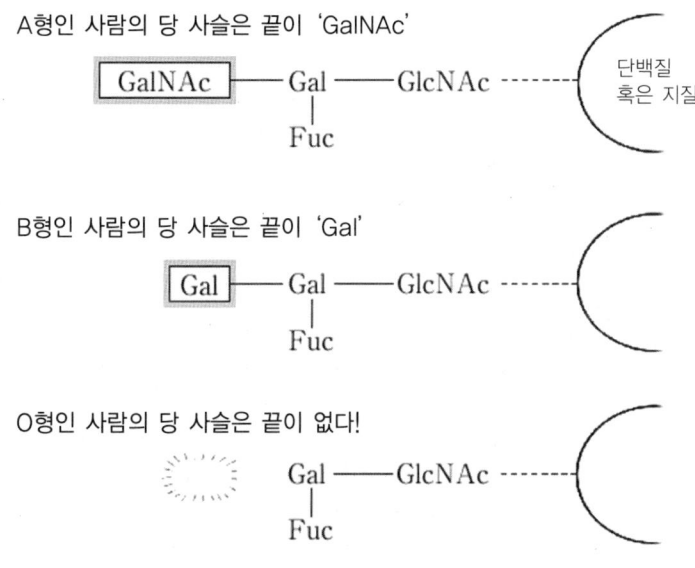

 정말이네~ 이 3종류가 A형, B형, O형이라는 거구나!

 그렇지!
그리고 AB형인 사람은 A형, B형의 당 사슬을 모두 가지고 있는 거야.

 와~ 혈액형이 이 당 사슬의 차이로 정해진다는 게 신기해…

그럼, 어째서 어떤 사람은 A형이 되고, 어떤 사람은 B형이 되고 하는 거야?
혈액형을 결정하는 건 대체 '누구'일까?
점점 궁금증이 더해가는 걸―!

 응응. 간단히 말하자면 혈액형을 결정하는 것은,
어떤 '유전자'이고 그 유전자로부터 만들어지는 '효소'야!
(자세한 것은 p.181을 참조. '혈액형유전자'의 정체는 '당전이효소')

 효소! 지방의 메커니즘을 배울 때도 효소가 나왔었는데.
효소란 정말 중요한 거구나!

 효소에 대해서는 뒤에서 구로사카 선생님한테 제대로 배우기로 하자.

 그래!
그런데 다시 본론으로 돌아가서, 그 '당 사슬'의 차이가 성격과 관계가 있는 거야? 어떤 거야? 응? 신경이 쓰여~!!

 으―음. 이 당 사슬과 혈액형을 결정하는 유전자가 신경세포 어딘가에 어떤 영향을 미친다거나, 게다가 또 다시 그 영향이 '성격'에 어떤 영향을 미친다면 이야기는 다르겠지만, 아직 그런 사실은 밝혀지지 않았어.

 그런가… 그럼 요즘 유행하는 혈액형점이나 성격진단에 과학적 근거는 없는 거구나. 좀 실망이기도 하고… 안심이 되기도 하고…

수수께끼 3 혈액형이란 어떤 것일까?

- 우리가 이야기하는 4종류의 혈액형은 'ABO식 혈액형'이라는 것.

- ABO식 혈액형은 적혈구 표면의 '당 사슬'의 차이에 의해 분류된다.

- '당 사슬'의 차이가 성격에 영향을 미친다는 사실은 아직 발견되지 않았다.
  그러므로 혈액형점이나 성격진단은 과학적인 근거에 기초한 것이 아니다.

정리해 봤어요.

그래도 역시 혈액형점은 재미있단 말이야~

짜안

음, 그러니까 네모토는 혈액형이 A형이었지. 이 달의 운세는…

사랑하는 이성과 가까워질 수 있는 절호의 찬스!
하지만 너무 진지해서 잘 되지 않을 수도.
이 달의 연애운은 대파란의 예감!

이래~

깜짝

하하하, 뭐, 과학적인 근거는 없는 거니까!!!

제3장 생활 속의 생화학

4. 어째서 과일은 단맛이 날까?

→ 과일은 어째서 달까?

 4번째 수수께끼는,
어째서 과일은 단맛이 날까? 하는 것이야.
마침 우리 집에 배가 있었지~!
으음, 잘 익어서 달고 맛있어~♪

 이거 정말 맛있는 배네~
배뿐만 아니라, 귤이나 포도 같은 과일이나 멜론이나 수박 같은 과채류(채소의 일종)도 잘 익은 편이 맛이 있다고 흔히 말하지?

 그야 그렇지. 귤도 덜 익은 것은 시고, 다 익어서 부드러운 것은 달잖아. 요전에 네가 가져온 멜론은 딱 먹기 좋았는데. 그것도 잘 익은 거겠지~

 그렇지. 그런데, 그렇다면 '익는다'는 것은 생화학적으로 어떤 상태를 말하는 것일까? 여기서는 그 '단맛'에 초점을 맞춰 보기로 하자.

잘 여문 과일은 왜 단맛이 날까?
그 이유는 '자당(즉 설탕)', '과당', 그리고 '포도당(글루코오스)'이라는 3종류의 단맛을 가진 당이 과일 속에 대량으로 함유되어 있기 때문이야.

 헤에~ 과일에 들어 있는 당질은 과당뿐만이 아니구나. 3종류나 들어 있는 건가.

단당·올리고당·다당

 전에 설탕(화학적으로는 자당(수크로오스))과 포도당(글루코오스)과 과당(프룩토오스)은 그 구조가 다르다고 조금 이야기했었지? (자세한 것은 p.77을 참조)

 응! 당에도 여러 가지가 있다고.
나는 과자나 과일도 좋아하고 밥도 좋아하기 때문에 걱정되는걸~!

 드디어 그걸 공부하게 되었구나.
당질의 기본단위는 '**단당**'이라고 불리는 것으로, 5개나 6개 정도의 탄소가 연결되어 만들어지는 거야. 포도당 및 과당은 탄소가 6개로 이루어지는 단당이지. 이 단당이 2개 이상 붙으면, '**올리고당(소당)**'이라고 하는 물질이 돼.

설탕(수크로오스)은 올리고당 중에서도 단당이 2개 연결되어 만들어지기 때문에 '**이당**'이라고도 부르고 있어. 이게 각 당들의 구조야.

| 포도당 | 과당 | 설탕 |

 자당은 포도당과 과당이 하나씩 연결된 것이구나.

반면에, 더 많은 단당이 붙어서 분자가 아주 길어지거나, 복잡한 가지로 나누어지는 구조의 당질도 있는데, 이것을 '**다당**' 이라고 하지. 우리에게 친숙한 대표적인 다당이라고 하면 뭔지 알겠니?

 아! 전에 내가 궁금하게 생각했던 건데. 밥에 당이 들어가 있냐고 했었지. 쌀이나 감자에 대량으로 포함되는 당! 그게 전분이었지?

 그래그래! 전분은 단당인 '포도당' 이 많이 이어져 만들어진 '다당' 인거야. 전분은 식물이 광합성을 해서 만들어 낸 포도당을 잔뜩 연결한 형태로 저장한 것이었지.

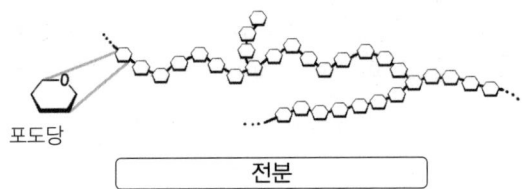

실은 우리들 동물의 몸에도 전분과 같은 '저장물질' 이 있어. 그것이 '글리코겐' 이라고 불리는 것인데, 간이나 지방의 세포가 주가 돼서, 체내에서 남은 포도당을 많이 연결해서, 필요할 때를 대비해서 저장하고 있는 거야.

 인슐린 부분에서 잠깐 등장했었지. 정말로 연결돼서 만들어져 있구나.

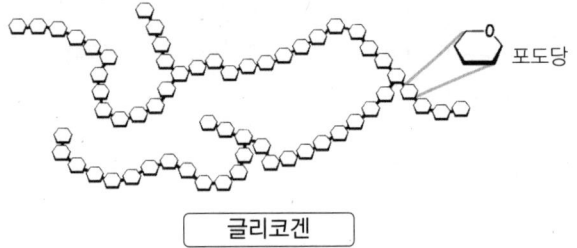

 다당에는 그밖에도 '셀룰로오스', '키틴' 과 같은 종류도 있어. 셀룰로오스는 식물의 세포 표면을 덮는 세포벽의 주성분이고, 키틴은 새우나 게 등 갑각류의 딱딱한 껍질의 주성분이야.

과일이 달게 되는 메커니즘

 자, 과일 이야기로 돌아가자. 귤 등의 과일과 멜론 등의 과채류는 잘 익을수록 단맛이 증가하고 맛이 있어. 왜 그럴까?

 으음. 지금 생각난 건데, 마트에서 딸기나 귤을 사려고 할 때, '당도 11~12%'라고 표시되어 있는 게 있잖아. 잘 익어서 달다는 것은 당이 늘어났다는 말 아니야? 생화학적으로 말하자면, 당질에 뭔가 변화가 생긴 것이 아닐까?

 좋아! 그렇다면, 지금까지 배웠던 '당질'의 관점에서 그 메커니즘을 생각해 보자. 다음 그래프를 봐 줘.
보통, 귤과 같은 이른바 '감귤류'에서는, 미성숙한 단계에서는 포도당(글루코오스)과 과당(프룩토오스), 그리고 자당(수크로오스)이 대개 비슷하게 들어있지만…
익어감에 따라서, 그 중 '자당'이 점점 증가하게 돼.

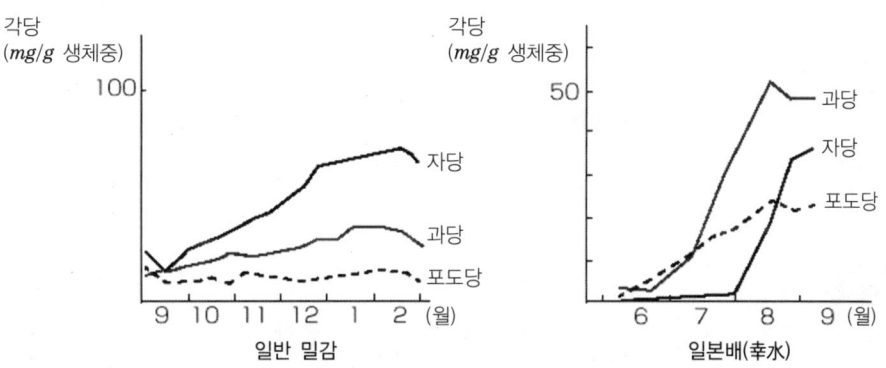

出典 : 伊藤三朗編, 「果物の科學」, 朝倉書店(1991)

 이것은 익은 정도에 따라, 과일 속에 있는 자당을 합성하는 '수크로오스인산 합성효소'의 활성이 높아지고, 그와 동시에 자당을 분해하는 '인베르타아제'라는 효소의 활성이 낮아지기 때문이야.

포도당 ⬡ 과 과당 ⬠ 2가지로부터 자당 ⬠이 자꾸자꾸 만들어진다는 걸 잘 알았어.

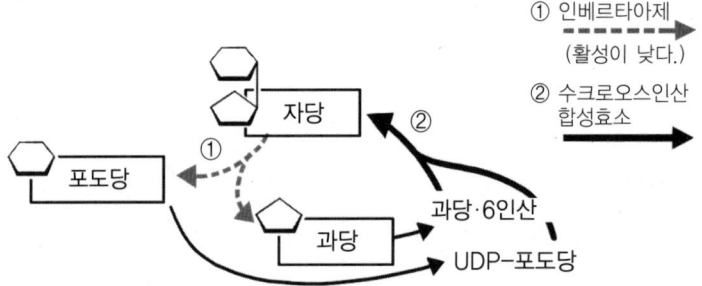

 그건 그렇고, 효소는 빨래할 때, 때를 빼는데 쓰는 줄 알았는데, 이런 힘도 있구나… (효소에 대해서는 제4장에서 자세히 설명합니다.)

 그런데 포도당, 과당 그리고 자당에는 각각 '단맛'이 있는데, 그 단맛은 과당이 가장 강하고, 이어서 자당, 포도당 순이야.

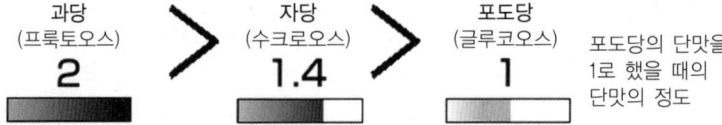

 그렇구나~!

 따라서, 과당이랑 자당이 많으면, 그 과일은 더욱 단맛이 나게 되지. 그래서 감귤류의 경우, 과일이 무르익어 자당의 함량이 증가하는 겨울철에 그 달고 맛있는 귤을 수확하는 거야. 장미과에 속하는 배 같은 경우, 그 차가 더욱 두드러져 성숙도에 따라 과당과 자당이 단번에 증가하게 되지.
또한, 멜론의 '단맛'은 자당의 함량에 거의 의존하고 있는데, 단맛이 강한 품종에는 특히 이 자당이 많이 포함되어 있는 거야.

 앞 페이지의 그래프를 보면, 과당이랑 자당이 증가해서 수확하는 시기에는 아주 달아져 있어! 이것이 '익는다'는 것인가~!

수수께끼 4 어째서 과일은 단맛이 날까?

- 과일에는 '자당(수크로오스)', '과당(프룩토오스)', '포도당(글루코오스)'이라는 3종류의 단맛을 내는 당질류가 함유되어 있다.

- 과일이 익기 시작하면, 효소가 활성화되어 3종류의 당질의 양이 변화한다.

- 과당과 자당은 포도당보다 달다. 과당과 자당의 양이 증가함으로써, 과일은 단맛을 더하게 된다!

※ 실제로는 소르비톨이나 크실로오스, 유기산 등의 물질도 과일의 단맛, 신맛에 크게 관계되어 있습니다.

5. 찰떡은 왜 쫀득쫀득할까?

→ 일반 쌀과 찹쌀의 차이

마지막 수수께끼는 **떡은 왜 쫀득쫀득할까?**
이것도 궁금하다~ 떡도 무척 좋아하거든!

혹시 떡을 만드는 방법을 알고 있니?
찰떡은 일반 쌀, 멥쌀로 만드는 것이 아니라 찹쌀로 만드는 거야.

나도 알아~!
떡쌀을 찧어본 적도 있는 걸.
그런데, 왜 찹쌀은 보통 쌀보다 쫀득쫀득한 걸까?

그건 쌀에 포함된 전분의 구조에 차이가 있기 때문이야. 쌀의 75%는 전분으로, 이것이 쌀의 '물성', 즉 딱딱함이나 부드러움 같은 성질에 영향을 주고 있는 것이지.

다음 그림에 나타낸 것처럼, 일반 쌀 - 즉 멥쌀의 전분에는 **'아밀로오스'** 라는 전분과 **'아밀로펙틴'** 이라는 전분이 함유되어 있어. 아밀로오스가 17%~22% 정도이고, 나머지는 아밀로펙틴이야.

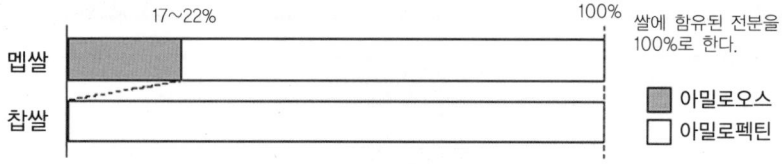

그런데, 찹쌀의 전분에는 아밀로오스가 들어있지 않고, 아밀로펙틴만 존재해.

우와~ 그래프를 보니 확실하게 차이를 알 수 있겠어.

 아밀로오스와 아밀로펙틴의 성분은 실은 모두 다 '포도당'이야. 포도당이 연결되어 '다당'이 되어 있는 것이지.

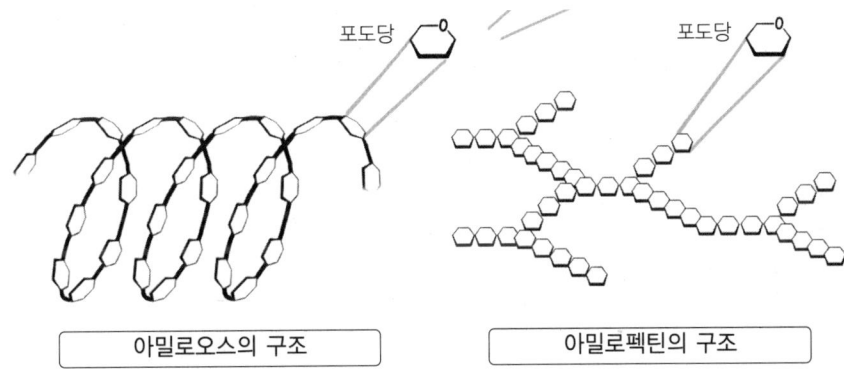

| 아밀로오스의 구조 | 아밀로펙틴의 구조 |

 즉, 재료는 동일하다는 거네.

 자, 그런데 무엇이 다르냐하면, 그 포도당이 어떤 식으로 연결되어 다당이 되는가 하는, '연결방식'에 차이가 있다는 거야.

여기서는 다당과 올리고당이 생성될 때의, 단당의 '연결방식'에 대한 수수께끼를 풀어보도록 하자.

 알았어! 이 연결방식에 쫀득쫀득함의 비밀이 숨어있다는 거구나!

아밀로오스와 아밀로펙틴은 이렇게 다르다

 둘 다 모두 포도당을 그 성분으로 하고 있지만, 포도당이 연결되는 방식이 달라. 간단히 말하면, 아밀로오스는 '**똑바로**' 연결되고, 아밀로펙틴은 '**가지를 치듯**' 연결되는 거지.

 에!? 똑바로? 가지를 치듯이? 잘 상상이 안 되는데…

 아밀로오스는 포도당이 '**$\alpha(1\rightarrow4)$ 글리코시드 결합**'이라는 연결방식으로, 가로로 길게 똑바로 연결되어 만들어져 있어.

$\alpha(1\rightarrow4)$ 글리코시드 결합

아밀로오스

 그렇구나. 확실히 가로로 똑바로 연결되어 있네.

 그런데, 아밀로펙틴은 $\alpha(1\rightarrow4)$ 글리코시드 결합뿐만이 아니라, 그밖에도 '**$\alpha(1\rightarrow6)$ 글리코시드 결합**'이라는 방식으로, 포도당과 포도당 일부를 연결하고 있는 부분이 군데군데 존재해.

$\alpha(1\rightarrow6)$ 글리코시드 결합

아밀로펙틴

오오!? 세로로 연결되어 있어! 이런 식으로 연결되어 가면, 정말 가지를 친 것처럼 되겠구나. 똑바로만 연결되는 것보다 복잡해지겠네.

 $\alpha(1\to6)$ 글리코시드 결합이 존재하면, 그 부분에서 포도당의 사슬이 가지를 치게 돼. 그렇기 때문에, 아밀로펙틴은 가지를 친 것 같은 분지결합의 형태가 되어 버리는 것이지.

 흠, 흠. 아밀로오스와 아밀로펙틴의 구조의 차이는 알 것 같아.

 이런 분지결합 구조로 인해서, 이 아밀로펙틴을 멀리서 보면, 전체가 술 장식 같은 형태를 하고 있다는 걸 알 수 있어.
즉, 아밀로펙틴은 방상(fringed)의 커다란 다당으로 돼 있는 거야.

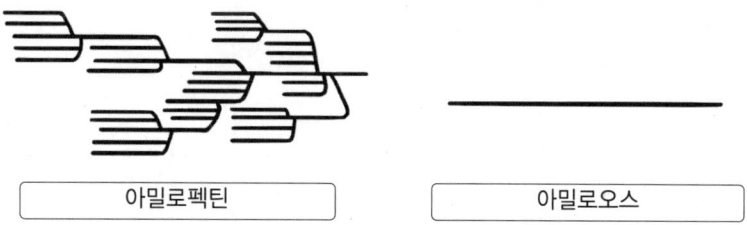

이와 같은 특징을 가진 아밀로펙틴으로 구성되어 있는 찹쌀은 조리를 했을 때 강한 점성, 다시 말해 찰진 느낌이 나게 되지.

 직선 모양과 방상의 형태를 비교해 보니, 방상으로 된 것이 탄력과 점성이 있고 쫀득쫀득할 것 같아. 이게 찰떡의 쫀득한 느낌을 만드는 것이구나.

 덧붙이자면, 멥쌀이라도 아밀로오스가 어느 정도 함유되어 있느냐에 따라서, 그 점성이 변하게 되는 거야.

α(1→4)와 α(1→6), 그 숫자의 의미는?

 자, 모처럼 여기까지 공부했으니, 이 기회에 α(1→4)라든지 α(1→6)에서 그 숫자가 가진 의미에 대해서도 공부해 두자.

 아까 α(1→4) **글리코시드 결합**이랑 α(1→6) **글리코시드 결합**에서 나온 숫자 말이지? 도대체 뭔지 알 수 없어서 궁금하게 생각했었어…

 아, 갑작스런 질문이지만…혹시 야구 좋아해?

 어. 아빠가 야구를 좋아해서서, 텔레비전으로 시합을 중계하는 건 자주 보는데…

 당연하다고 생각하겠지만, 야구 해설을 할 때는 '루' 마다 1루, 2루, 3루라는 식으로 번호가 붙어 있어서 쉽게 설명할 수 있잖아?

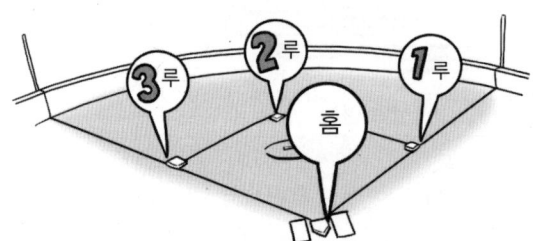

번호가 붙어 있지 않은 채 '포수 쪽에서 좌측에 있는 루'에서는… 이라고 하면 상당히 이해하기도 어려울 거고, 3루타를 '포수 쪽에서 볼 때 가장 좌측 베이스 히트!'라는 식으로 하나하나 설명해야 할 것 아냐?

 으음. 실황 중계하는 아나운서도 고생하겠다…

 포도당과 과당에는 탄소가 6개 있다고 배웠었지?
실은 이 탄소들에게도 각각 야구의 베이스와 마찬가지로 번호가 붙여져 있는 거야!
그 덕분에 무척 편리하다는 말이지.

아래 그림의 탄소(C)에 주목해 봐. 이건 포도당의 환상구조인데, 이처럼 탄소에 번호가 1에서 **6**까지 할당되어 있어.

$$\text{환상구조 그림}$$

 아, 알았다!
α(1→4) 글리코시드 결합이나 α(1→6) 글리코시드 결합의 숫자는, 이 **탄소의 번호**를 말하는 거구나!

 그렇지! 즉, α(1→4) 글리코시드 결합은 어떤 포도당의 첫 번째 탄소(1위의 탄소)가 이웃하는 포도당의 4번째 탄소(4위의 탄소)와 '글리코시드 결합'에 의해서 **결합되어 있다**는 의미인거야!

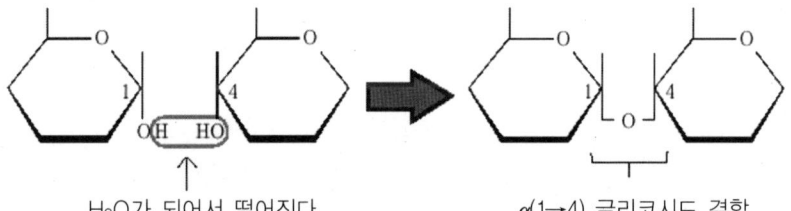

H_2O가 되어서 떨어진다.   α(1→4) 글리코시드 결합

 음, 음. 그렇다면 α(1→6) 글리코시드 결합도 역시 마찬가지로, 어떤 포도당의 1위의 탄소가 다음 포도당의 6위의 탄소와 연결되어 있다는 것…인가?

 응. 그런데, 실은 말이지 1위와 6위의 탄소가 붙을 경우엔 옆으로 나란한 상태로는 붙지 않아.

기어코 이 그림과 같이 조금 어긋나서, 가로라기보다는 오히려 세로로 연결되는 모양을 하게 되지.

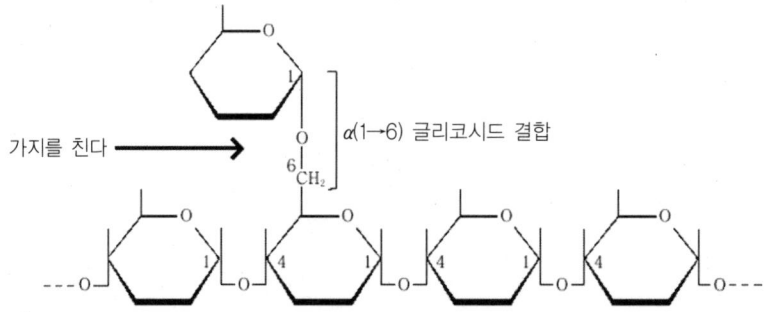

 아― 그래서, 이 부분에서 가지가 나누어지는 거구나. 하지만 이 덕분에 떡은 쫀득쫀득해지는 것이겠지~♪

 그런데, 같은 포도당을 성분으로 하는 결합으로 또 하나, **β(1-4) 글리코시드 결합**이라는 것도 있어.

 으응? 베타? 그건 어떻게 연결되는 건데?

 포도당이 β(1-4) 글리코시드 결합으로 연결되면, 전분이 아니라 '**셀룰로오스** (sellulose)'라는 다당으로 돼.
식물의 세포벽을 만드는 주성분이고, 대표적인 식물섬유로도 유명하지.

 알고 있어. 다이어트 잡지에서 읽은 적이 있어. 식물섬유는 배변에 도움이 되지. 소화가 잘 되지 않고, 그대로 나오는 모양이야. 에헴.

 응. 그런데 식물섬유 중에서도 헤미셀룰로오스(hemicellulose)라든지 펙틴처럼 물에 잘 녹는 것도 있는데, 이것들은 소화가 잘 되는 거야.

 앗! 그럼, 우리들의 에너지원으로 바뀌기도 하는 거야?

그렇다는 거지! 식물섬유 모두가 소화가 잘 안 되는 건 아니야.
이제, 다시 셀룰로오스에 대해 이야기 해 볼게. 우리들 입 안의 타액에 포함되는 효소로 α-아밀라아제라는 것이 있는데, α-아밀라아제는 쌀과 전분을 잘게 분해할 수 있어.
그런데, 이 α-아밀라아제는 셀룰로오스를 분해할 수가 없지.

 왜 그럴까?

 다음 그림에 나타낸 **β(1→4) 글리코시드 결합**을 잘 봐.

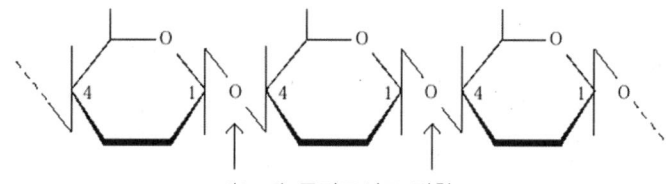

β(1→4) 글리코시드 결합

 어라? 연결되는 부분이 다르네. N자 같은 형태로 되어 있어…

 α(1→4) 글루코시드 결합과 무엇이 다른가 하면, 좌측 포도당의 1번째 탄소에 붙어 있는 **수소(H)와 수산기(OH)의 위치가 상하 역전**되어 있기 때문에, 조금 무리하게 결합되어 있다는 것을 알 수 있겠지?

 응응. β씨에게는 실례지만, 좀 비뚤어진 느낌으로 연결되어 있구나.

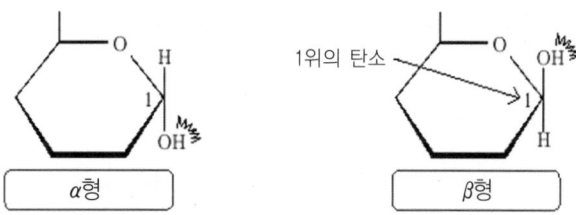

 α, β라는 그리스 문자는 1위의 탄소에 붙어 있는 수산기(OH)가 위의 그림처럼 아래에 있는 경우를 '**α형**', 위에 있는 경우를 '**β형**'이라고 하는 데서 유래했어.

실은 고작 이 정도의 구조 차이로 인해서, $\alpha(1{\rightarrow}4)$ 글리코시드 결합을 분해할 수 있었던 α-아밀라아제가 $\beta(1{\rightarrow}4)$ 글리코시드 결합을 분해할 수 없게 되어 버리는 거야!

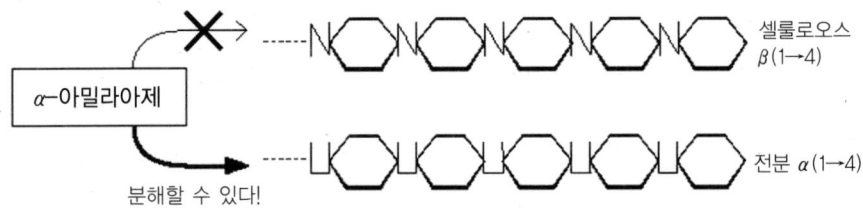

 와~~~! 그 비뚤어진 연결방식 때문에 그런 영향이 생길 줄이야!

 그래서 $\beta(1{\rightarrow}4)$ 글리코시드 결합으로 생긴 셀룰로오스는 사람의 소화기관에서 소화되지 못하는 것이고, 그 때문에 '식물섬유'로서의 효력을 발휘하게 되는 거야.

나머지는, 그렇지, 아까 과일의 수수께끼를 풀 때 올리고당, 자당에 대해 이야기했었지? 자당은 앞에서 설명한 것처럼, 포도당과 과당이 1개씩 연결된 것이야. 이처럼 포도당의 1위의 탄소와 과당의 2위의 탄소가 연결된 형태를 하고 있지.

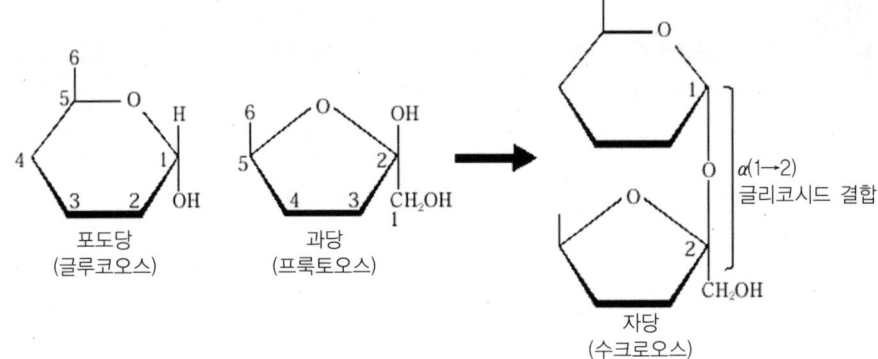

 과연…! 자당은 $\alpha(1{\rightarrow}2)$ 글리코시드 결합이라는 거구나.

 그렇지! 이처럼 단당의 연결방식을 알면 성질을 잘 알 수가 있어.

수수께끼 5 찰떡은 왜 쫀득쫀득할까?

- 찰떡이 쫀득쫀득한 이유는, 찹쌀 전분의 구조에 그 비밀이 있다.

- 찹쌀의 전분에는 아밀로오스가 함유되어 있지 않고, 아밀로펙틴만 함유되어 있다.

- 아밀로펙틴은 '$\alpha(1\rightarrow6)$ 글리코시드 결합'이라는 연결 방식으로, 분지결합이 되어 있기 때문에, 방상(술 장식 모양)의 커다란 다당으로 되어 있다.
  이 가지가 쳐진 술 덕분에 찰떡의 찰진 느낌이 난다♪

정리해 봤어요.

이제 찰떡뿐만 아니라, 식물 섬유인 셀룰로오스와 자당의 연결방식도 알겠지?

응. $\alpha(1\rightarrow4)$ 라든가 $\alpha(1\rightarrow6)$의 의미도 이해했어.

다음에 야구중계 보게 되면 기억이 날 거 같아.

제3장 생활 속의 생화학

제4장
효소는 화학반응의 핵심

1. 효소와 단백질

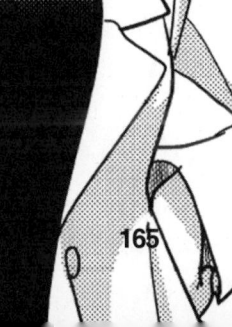

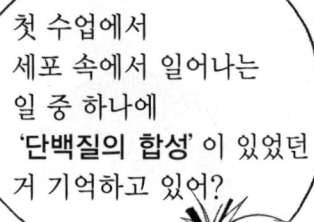
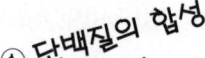
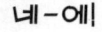

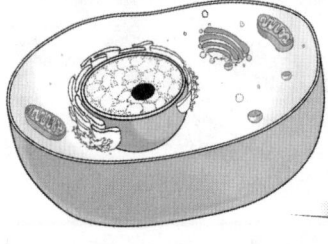

첫 수업에서 세포 속에서 일어나는 일 중 하나에 **'단백질의 합성'** 이 있었던 거 기억하고 있어?

① 단백질의 합성
② 물질대사
③ 에너지의 생산
④ 광합성

네-에!
단백질은 세포가 살아가기 위해서 아주 중요한 역할을 담당하고 있었지요.

우리 몸속에서 단백질이 어떤 중요한 역할을 하고 있는지…

스으윽 슥

그 주된 역할을 정리해 볼게.

[단백질의 역할]

① 근육을 형성하고, 그 성분으로 작용한다.
② 세포의 형태를 갖추거나 세포의 운동을 조절한다.
③ 콜라겐 같은 세포와 세포 사이의 구조를 만들고 유지한다.
④ 세포의 안팎에서 정보교환 등의 작용을 한다.
⑤ 다양한 화학반응을 촉진한다.
⑥ 외부의 적을 공격하고, 몸을 보호한다.
⑦ 다른 물질을 수송한다.
⑧ 아미노산(단백질의 재료)을 저장한다.

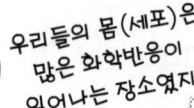

우리들의 몸(세포)은 많은 화학반응이 일어나는 장소였지.

이것은 어디까지나 **주된 역할**!
이 이외에도 많은 역할을 하고 있어.
우리 인간의 몸 안에는
이런 단백질이-

적어도 수 만 종류,
많게는 10만에서 20만 종류라고 할 정도로
많이 존재한다고 생각하고 있지.

에~!!
그렇게나 많나요?!

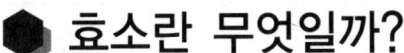

효소란 무엇일까?

자, 그럼 여기서 ⑤번에 주목 해봐! 단백질의 많은 역할 중에서도 이 '⑤ 다양한 화학반응을 촉진하는 역할'을 가진 단백질은 그 종류가 아주 많아.

⑤ 다양한 화학반응을 촉진한다.

즉, 단백질의 가장 중요한 역할은 화학반응을 촉진하는 역할이라고 할 수 있지.

예를 들어, 술을 마셨을 때의 화학반응을 살펴보자!

알코올

○○○ ⇩ 대사 △△△ ⇩ 대사 □□□
간

어떤 단백질 ↓
영차 영차
○○○ 알코올 → 화학반응 → △△△ 아세트알데히드

다른 단백질 ↓
진행해~ 진행해~
→ 화학반응 → □□□ 초산

효소는 화학반응을 촉진한다!

효소…! 왠지 들은 기억이… 세제로 얼룩을 제거 한다고 들었는데.

지방이 축적되는 부분에서도 나왔었잖아. (p.126참조)

이 화학반응을 촉진하는 역할을 가진 단백질을 가리켜 '효소' 혹은 '효소단백질' 이라고 부르지.

그렇지… 하지만, 효소의 작용은 그뿐만이 아니야…

단백질은 아미노산으로 이루어져 있다

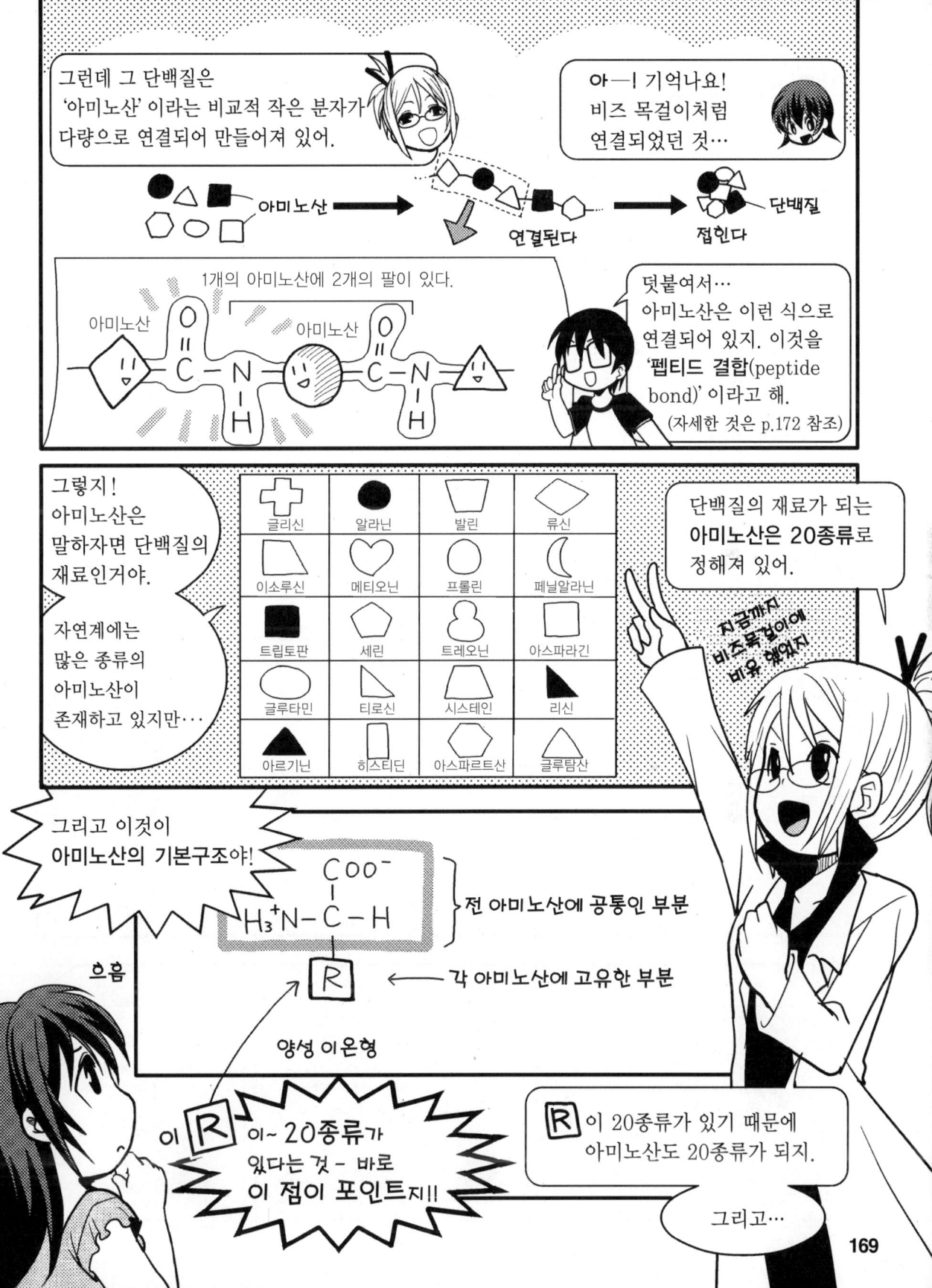

아미노산 ▢ 은, 모든 아미노산의 공통부분입니다.

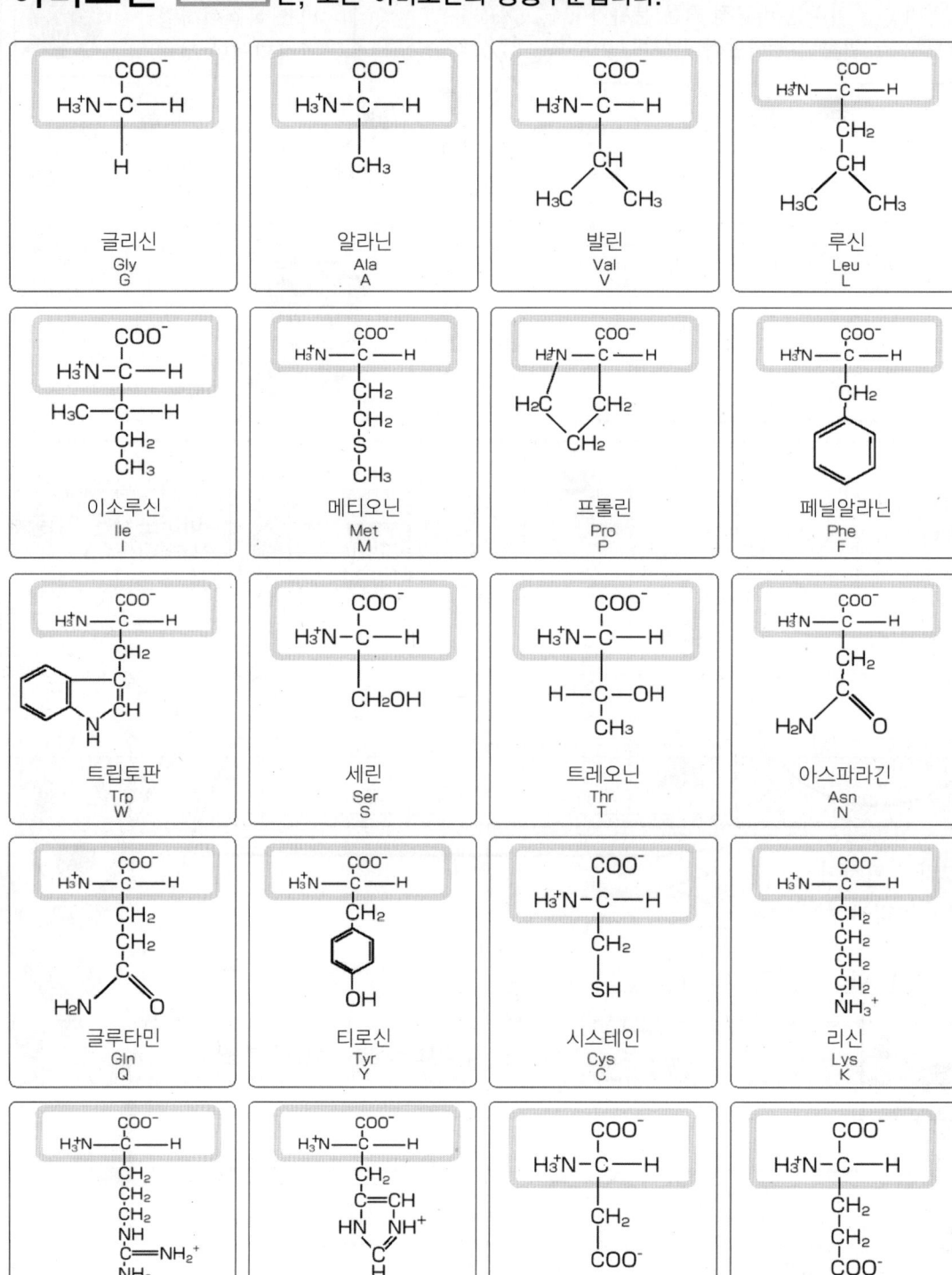

20종류의
아미노산의 구조식
이 이거야!
쿠미야 정신 차려! 첨엔 그냥 보기만 해도 되니까! 응?
어질
이 20종류의 아미노산이 어떤 순서로, 어느 정도의 수만큼 연결되는가에 의해
생성되는 단백질의 종류가 정해지게 되는 것이지.
후후후
단,
비즈와 다른 점이 있어.
단순히 길게 아미노산이 이어지기만 해선 제 기능을 하는 단백질이 되지 못해.
예에에?
음? 확실히 비즈도 20종류가 있으면 조합하는 방법에 따라 여러 가지 목걸이를 만들 수 있겠네요.
흔들
흔들
단백질이 단백질로서 기능을 하기 위해선 적절한 형태로 접혀져야할 필요가 있고,
접히는 데에도 순서라는 것이 존재하지.
그에 대해서 이제부터 찬찬히 설명해 줄게.

단백질의 1차구조

우선, 아미노산이 1개씩 '펩티드 결합'이라 불리는 결합에 의해 연결돼 가면서, 한 줄의 긴 사슬이 만들어집니다. 제1장 p.42에서 아미노산끼리 화학반응에 의해 연결되어 단백질이 생성된다고 했던 것을 기억하시나요? 이 화학반응이 펩티드 결합을 만드는 반응인 '펩티딜 전이반응'입니다.

제5장에서도 소개하겠지만, 이 반응은 세포질에 무수하게 있는 단백질 합성장치 '리보솜'에서 일어납니다. 그 결과, 다음 그림과 같은 결합이 발생하는 것입니다.

그렇게 만들어진 한 줄의 긴 아미노산 사슬을 아미노산이 펩티드 결합으로 여러 개 연결한다는 의미에서 **폴리펩티드(polypeptide) 사슬**이라고 하며, 이 상태를 단백질의 **1차구조**라고 합니다.

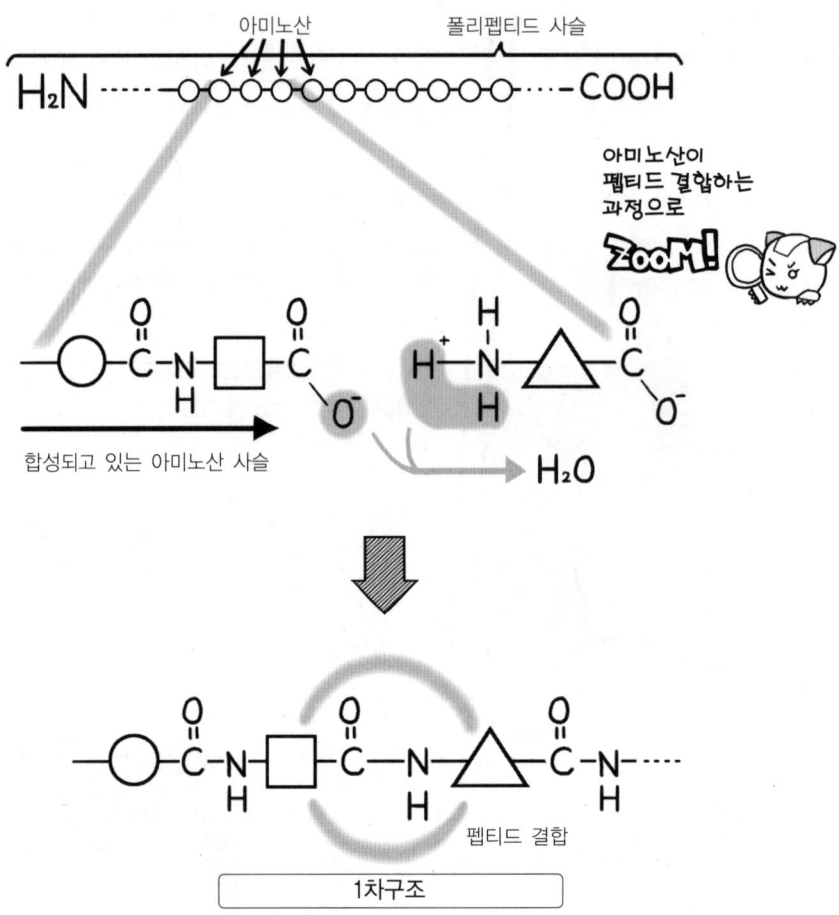

단백질의 2차구조

20종류의 아미노산에는 **곁 사슬**이라고 불리는, 각각의 아미노산에 특징적인 부분(p.169의 R부분)이 있습니다. 이 곁 사슬과 곁 사슬 사이에는 수소결합, 소수(疎水)결합, 전기적 상호작용 등의 다양한 힘이 작용하기 때문에, 아미노산이 길게 이어져 1차구조가 생기게 되면, 다음으로 그 1차구조 즉, 폴리펩티드 사슬의 일부가 곁 사슬끼리의 상호작용에 의해, 어떤 특정한 입체구조를 가지게 됩니다.

이것을 단백질의 **2차구조**라고 합니다.

예를 들어, 폴리펩티드 사슬의 일부가 아미노산의 곁 사슬끼리의 상호작용에 의해서 나선모양으로 꼬인 'α-헬릭스'와 폴리펩티드 사슬이 여러 층으로 쌓이도록 접혀져서 평면 모양이 되는 'β-시트' 같은 2차구조가 존재한다고 알려져 있습니다.

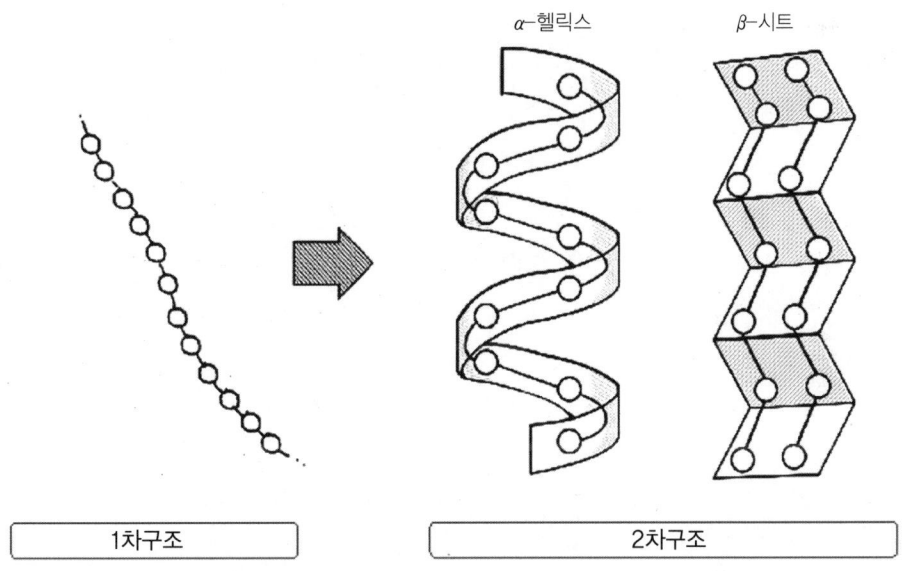

단백질의 3차구조

그런데, 이것으로도 아직 폴리펩티드 사슬은 '단백질'로서 기능할 수가 없습니다.

단백질로서 기능하기 위해선, 군데군데 2차구조를 드러내는 폴리펩티드 사슬 전체가 아미노산의 곁 사슬끼리의 상호작용 등에 의해서 특정한 형태로 되어야만 합니다. 이 폴리펩티드 사슬 전체가 최종적으로 가지게 되는 형태(입체구조)를 가리켜 단백질의 **3차구조**라고 합니다.

예를 들어, 다음 그림에 나타낸 미오글로빈(myoglobin)은 동물의 근육 속에 존재하는 단백질의 일종으로 8개의 α-헬릭스로 이루어져 있습니다.

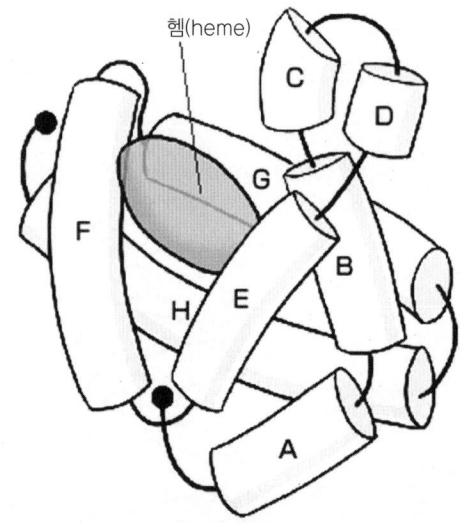

미오글로빈은 A~H : 8개의 α-헬릭스로 구성되어 있습니다(●― 가 말단).

3차구조

단백질의 4차구조와 서브유닛

대부분의 단백질들은 3차구조 단계에서 단백질로서 혹은 효소로서의 기능을 할 수 있게 됩니다. 그런데, 일부 단백질은 3차구조를 가진 복수의 폴리펩티드 사슬이 여러 개 모인 집합체를 만들어, 그 상태로 특정 기능을 하는 경우가 있습니다.

예를 들어, 우리의 혈액 속에 존재하는 적혈구에는 헤모글로빈(hemogoobin)이라는 철결합 단백질이 많이 있어, 효소를 운반하는 기능을 가지고 있는데, 이 헤모글로빈은 다음 그림에 나타낸 것과 같이 글로빈이라는 폴리펩티드 사슬이 4개(2종류의(α와 β)가 2개씩(α_1, α_2, β_1, β_2))가 모여서 만들어진 것입니다. 우리의 세포 속에서 RNA라는 물질을 만드는 'RNA 폴리메라아제 Ⅱ'라고 하는 효소 등은 12개나 되는 폴리펩티드 사슬이 모여 이루어져 있습니다.

이러한 상태를 **4차구조**라고 부르며, 4차구조가 만들어질 때의 각 폴리펩티드 사슬을 특별히 **서브유닛**이라고 부릅니다.

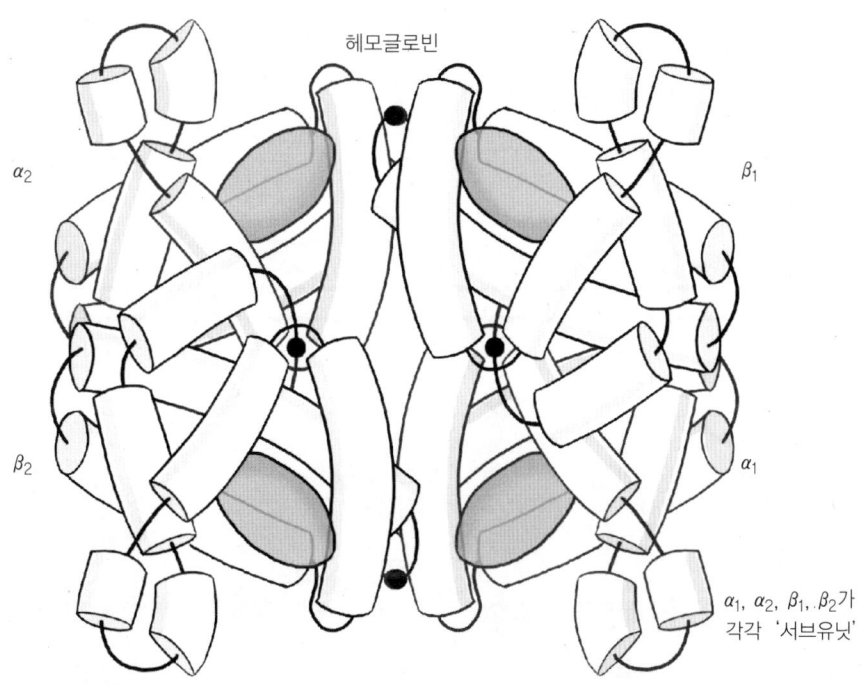

헤모글로빈의 서브유닛은 미오글로빈과 구조가 비슷하기 때문에, 그림의 헤모글로빈도 p.174의 미오글로빈과 같은 구조로 묘사되어 있지만, 실제 구조는 조금 다릅니다.

4차구조

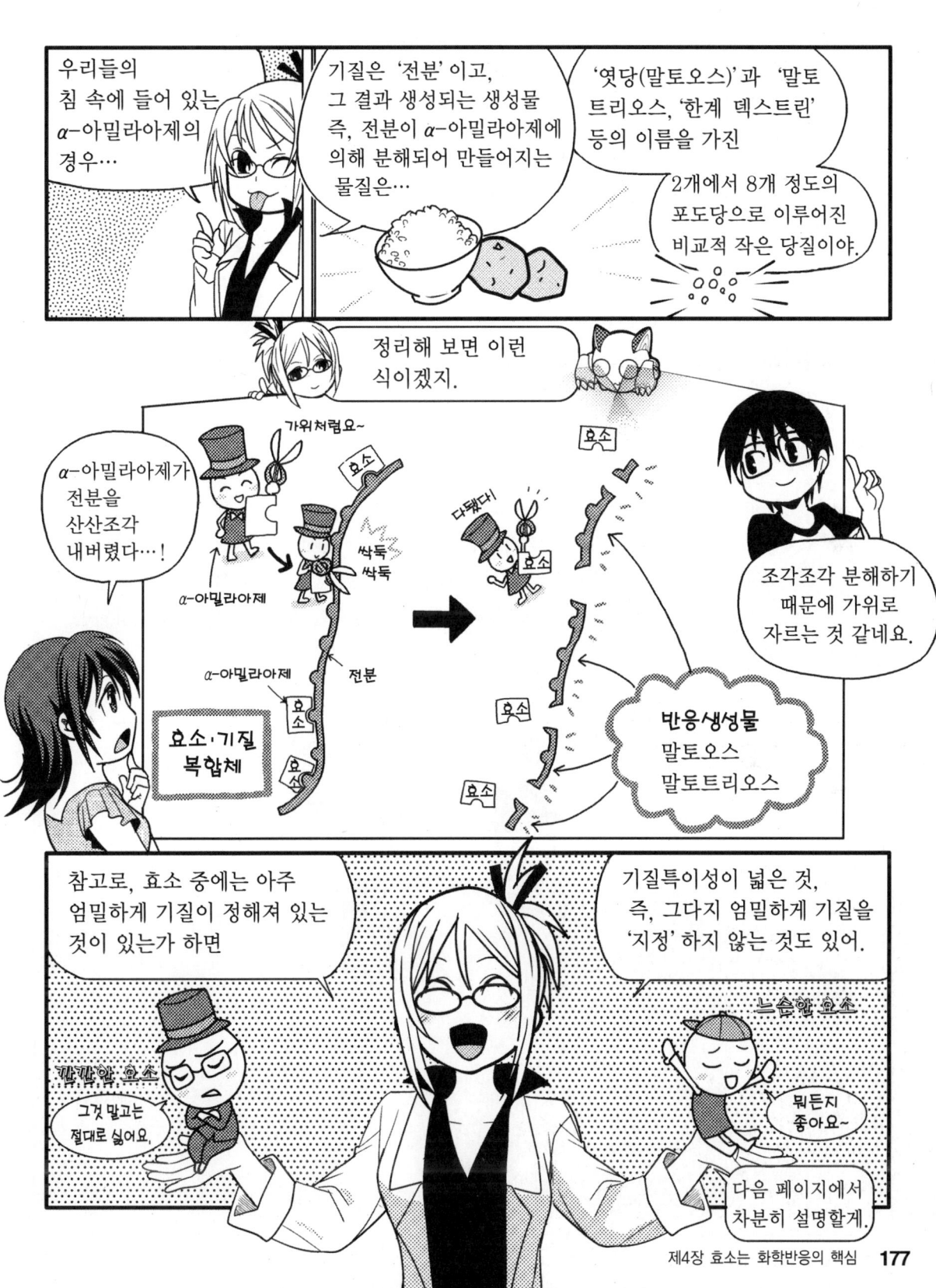

깐깐한 효소? 느슨한 효소?

효소 중에는 아주 엄밀하게 기질이 정해져 있는 '깐깐한 효소'와, 기질특이성이 넓은 것, 다시 말해 그만큼 엄밀하게 기질을 '지정'하지 않는 '느슨한 효소'가 있어.

깐깐한 효소와 느슨한 효소인가요—! 어떤 건지 궁금해요.

아주 비슷한 유연물질이라면 무엇이든 기질이 되는 효소가 있는데, 특히 소화효소로 이용되는 **단백질 분해효소**에 그런 예가 많다고 알려져 있지.

왜냐하면, 단백질은 20종류의 아미노산이 다양한 순서로 연결된 것이잖아. 예를 들어… '난 글리신 부분밖에 분해하지 않아요'라든가 '알라닌과 히스티딘 사이밖에 분해하지 않아요! 그 이외는 전 몰라요~' 라는 효소만 있다면, 단백질을 분해하는 데만도 엄청나게 많은 효소가 필요해져서 곤란하겠지?

단백질이 복잡한 구조를 하고 있기 때문에, 그만큼 그에 대응하는 효소는 유연해진 것이군요.

그런 셈이지! 그래서 단백질 분해효소에서는 기질에 어느 정도의 폭을 가지게 하는 경우가 많은 거야.

예를 들어, 이자에서 분비되는 단백질 분해효소에 '카르복시펩티다아제'라고 하는 단백질의 말단 쪽에서부터 차례로 아미노산을 분해해 가는 효소가 있어.

카르복시펩티다아제에는 A, B, C 등의 종류가 있는데, 가령 카르복시펩티다아제 A는 단백질의 C말단의 아미노산이 아르기닌, 리신, 프롤린이 아니라면, 어떤 아미노산이라도 차례로 제거해 갈 수 있다는 식이지(단, 그 하나 앞에 프롤린이 있으면 안돼요).

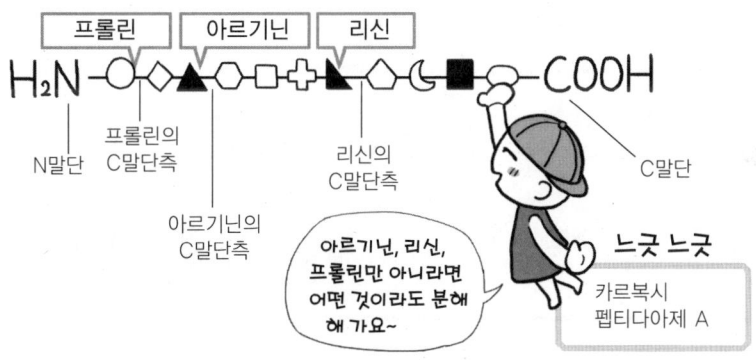

단백질이 되는 아미노산은 20종류였지요? 아르기닌, 리신, 프롤린 3종류는 안돼도, 남은 17종류에는 모두 대응하고 있군요.

그렇지. 그것이 기질에 폭을 가지게 한다는 것이지.
단, 단백질 분해효소 중에도 '깐깐한 효소'는 있는데, 예를 들어 '트립신'은 아르기닌이나 리신의 C말단 부위밖에 잘라내지 못해.

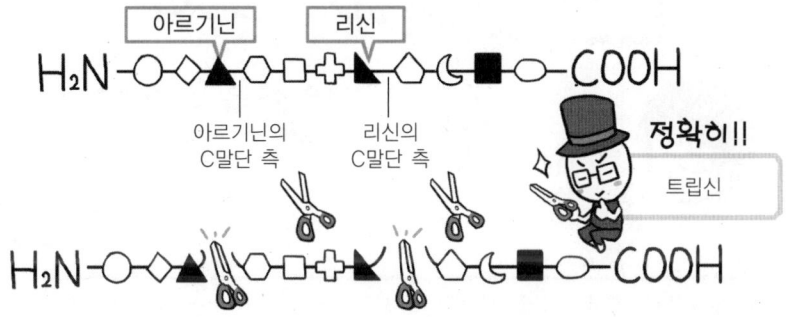

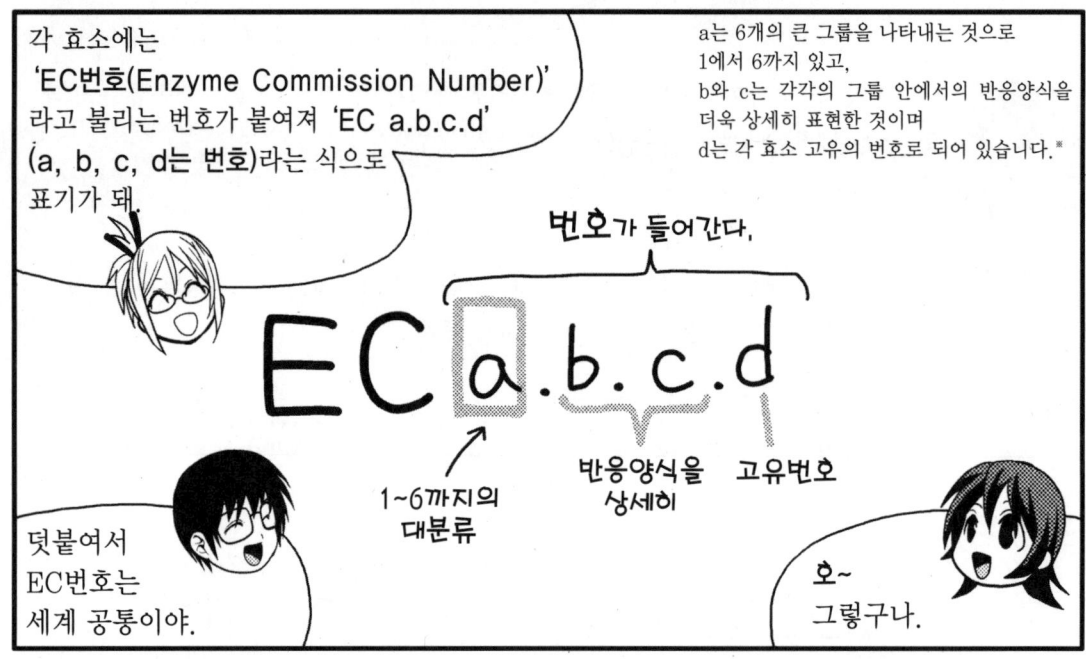

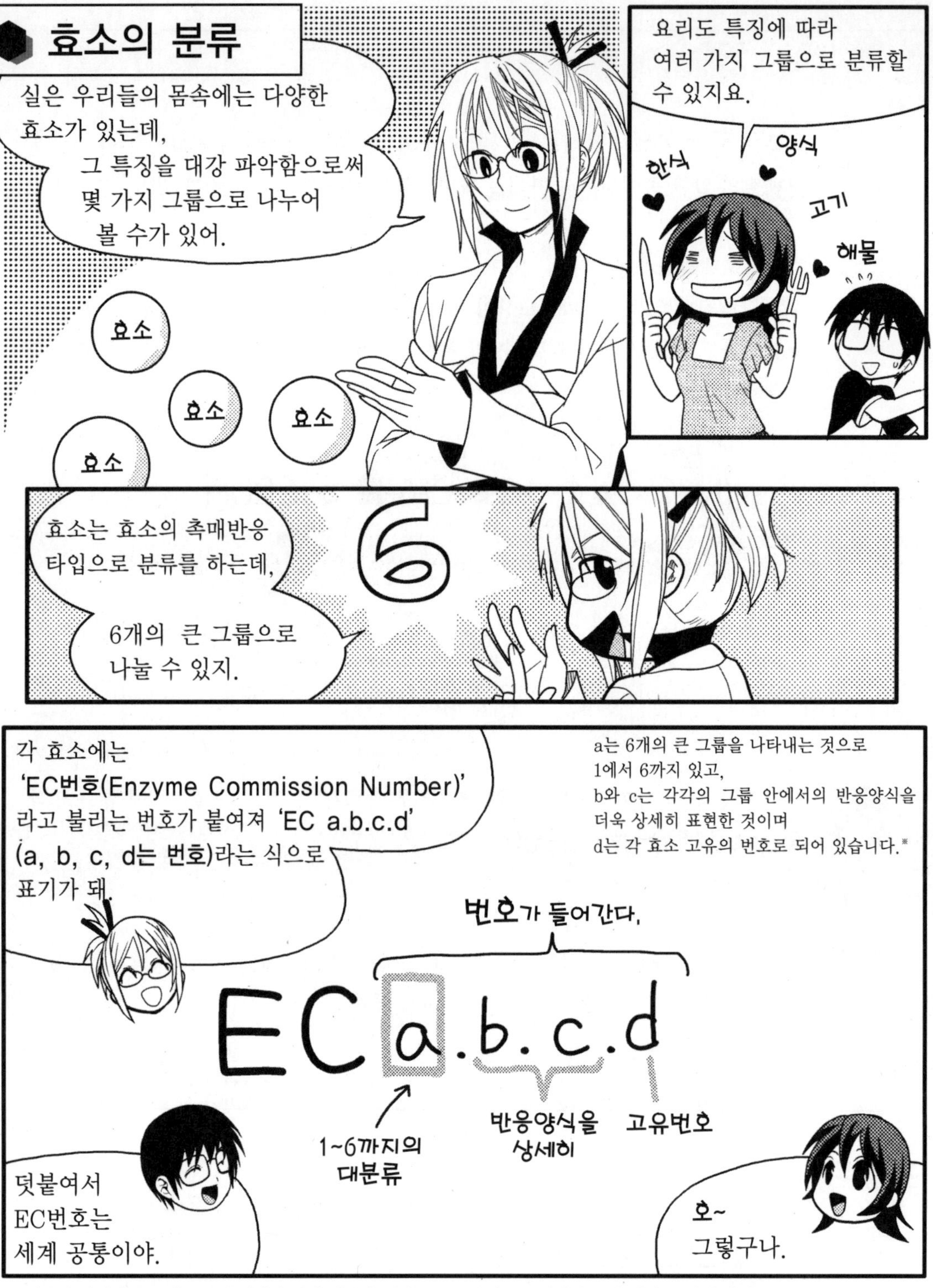

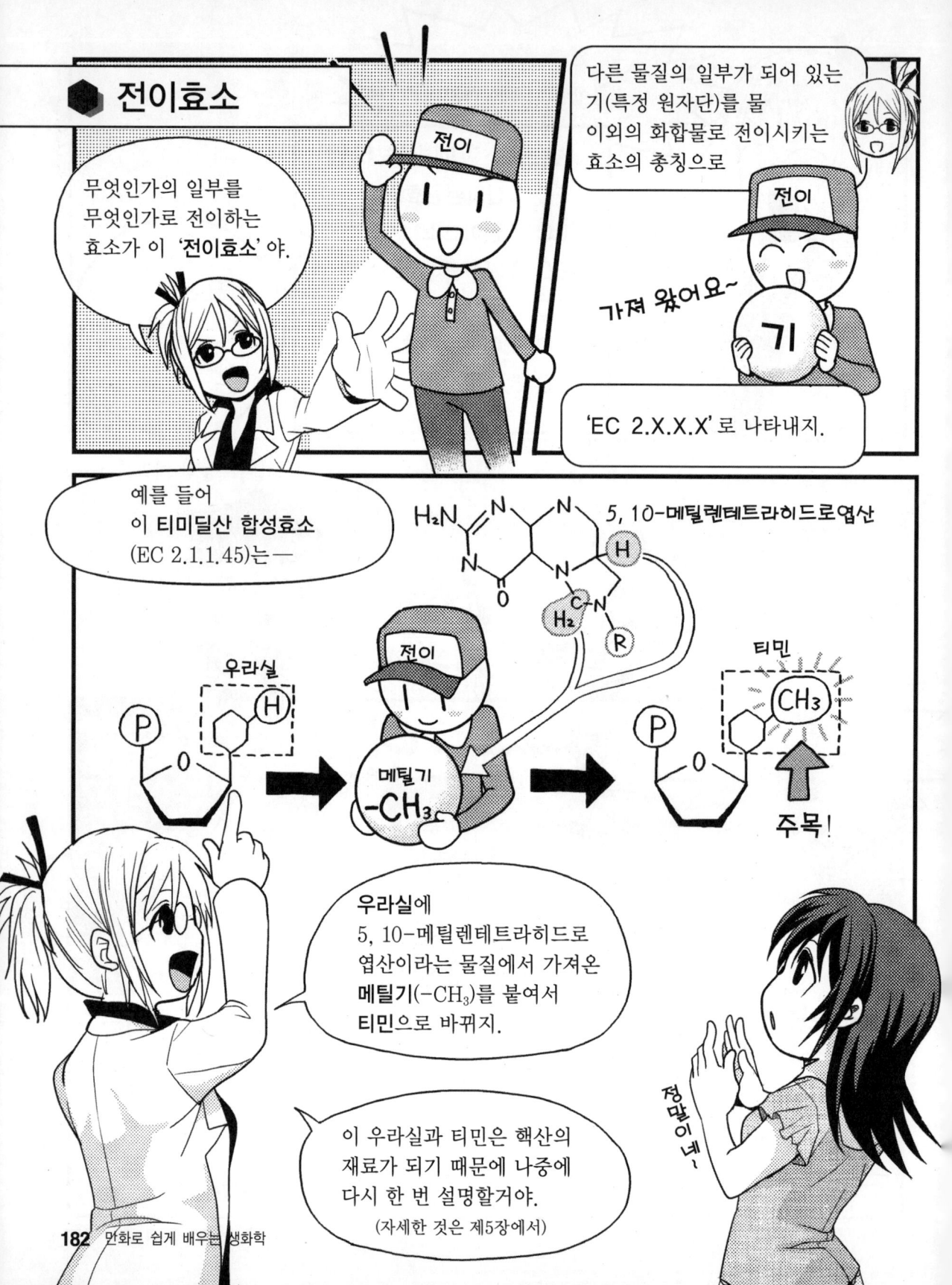

→ '혈액형 유전자'의 정체는 '당전이효소'

전에 혈액형의 수수께끼를 풀었을 때 배운 것 기억나니?
그때, 혈액형을 결정하는 것은 '누구?'냐는 이야기를 하면서, '효소'에 대해 공부했잖아.

기억하고 있어—
ABO식 혈액형은 적혈구 표면의 '당 사슬'의 차이로 분류되고, 당 사슬은 단당이 연결되어 만들어진 것이었지?

그리고 그 차이는 가장 끝의 단당이 무엇인가였었지.

분명히 A형이 N-아세틸갈락토사민(GalNAc), B형이 갈락토오스(Gal), O형은 아무것도 없었어!
리포트에 확실히 적어놨더니 기억이 나는 걸. 에헴~

응응. 당 사슬의 끝에 어느 단당을 붙일지, 혹은 붙이지 않을지는 유전자에 의해서 정해져 있어.

유전자란 말하자면 '단백질의 설계도'이고, 단백질이라고 하면… 효소.
즉, 혈액형을 결정하고 있던 것은 적혈구 표면에 그 당을 붙이는 **'당전이효소'**를 만드는 유전자였던 것이지!

당전이효소…?
당을 가져와서 붙이는 효소인가?

그렇지! 각 혈액형의 당 사슬 구조를 다시 한 번 잘 봐.

- A형인 사람의 당 사슬은, 끝이 GalNAc

  GalNAc - Gal - GlcNAc
              |
            Fuc

- B형인 사람의 당 사슬은, 끝이 Gal

  Gal - Gal - GlcNAc
        |
      Fuc

- O형인 사람의 당 사슬은, 끝에 당이 없다.

  Gal - GlcNAc
     |
  Fuc

단백질 혹은 지질

당의 명칭

GalNAc : *N*-아세틸갈락토사민
Gal : 갈락토오스
Fuc : 푸코오스
GlcNAc : *N*-아세틸글루코사민

 한 번 더 복습해 볼게. 3가지 타입의 차이점은 **제일 끝의 단당뿐**이야.
A형인 사람은 '*N*-아세틸갈락토사민'
(~오스라는 이름은 아니지만, 이것도 단당에 속합니다.)
B형인 사람은 '갈락토오스'
O형인 사람에게는 이 부분의 당이 '없다'.

 응응.

 사실은 O형인 사람이 가지고 있는 당 사슬이 '원형' 인거야.
여기에 '*N*-아세틸갈락토사민'을 붙이는 전이효소의 유전자를 가지고 있으면 **A형**!
'갈락토오스'를 붙이는 전이효소의 유전자를 가지고 있으면 **B형**!이 되는 것이지.

 아! 그랬었구나. 어떤 당을 붙이는가에 따라 당 사슬이 변해버리다니… 전이효소는 혈액형에도 관계가 있었구나~!

 O형인 사람에게도 이 당전이효소에 대응하는 유전자가 있지만, 그 유전자가 만들어 내는 단백질에는 효소활성이 없기 때문에, 당을 말단에 붙일 수가 없어. 진화과정에서 유전자가 변이되어, 활성을 상실해 버린 것일지도 모르지.

 헤에~! 왠지 신기하다~

 다시 말해, ABO식 혈액형은 당전이효소 유전자의 차이에 의해서 발생하는 것에 지나지 않아.

 그래, 혈액형점이나 성격진단에 과학적 근거는 없는 거였지. 하지만, 너 의외로 믿거나 그런 것 아냐…?

 움찔!

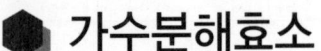

가수분해효소

'가수분해효소'는 그 이름대로 '물'을 사용해서 기질을 분해하는 효소이지.
'EC 3.X.X.X'로 나타낼 수 있어.

물을 어떻게 사용하는 것일까…?
물분자는 'H₂O'인데,

가수분해효소는 이것을 'H'와 'OH'로 나누고…

이것을 상대 물질 즉, 기질에 찔러 넣듯이 해서 기질을 둘로 분해해 버리는 거야!

떨어져 주세요~

자신들만으로는 떨어질 수 없는 둘을 도와서 떨어지게 만들어 주는 거네요~

마치 가수분해효소의 양손이 'H'와 'OH'를 들고 있고, 이것을 두 사람의 손에 쥐어 주고 떨어지게 하고 있는 이미지와 같은 느낌이라고 할까.※
에너지 화폐인 ATP가 분해되는 것도 가수분해이지.

전분을 분해하는 α-아밀라아제, 단백질을 분해하는 펩신 등은 이 가수분해효소에 속하는 거야.

그럼, 여기서 α-아밀라아제 (EC 3.2.1.1)의 작용에 대해 생각해 보자!

침 속의 α-아밀라아제가 쌀 등의 전분을 분해하는 모습이구나.

※ 물론, 가수분해효소에 '팔'은 없습니다. 어디까지나 상상의 이미지입니다.

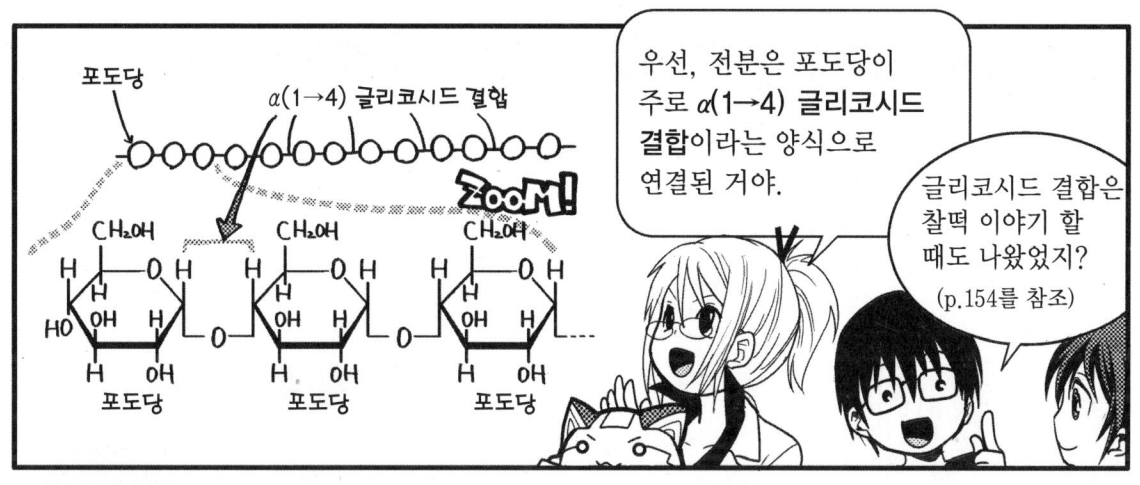

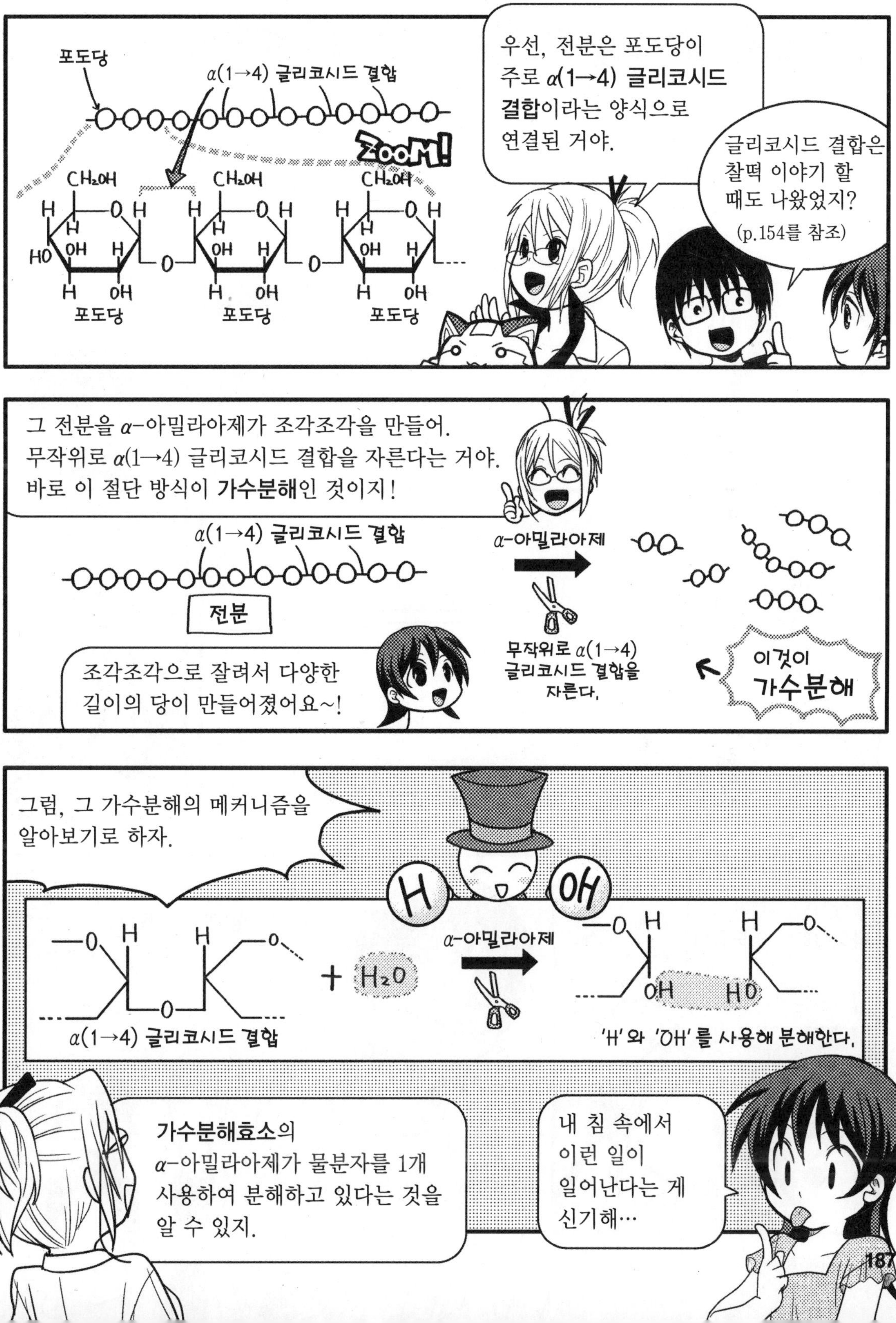

그럼, 그 가수분해의 메커니즘을 알아보기로 하자.

'H'와 'OH'를 사용해 분해한다.

가수분해효소의 α-아밀라아제가 물분자를 1개 사용하여 분해하고 있다는 것을 알 수 있지.

내 침 속에서 이런 일이 일어난다는 게 신기해…

어째서 화학반응에 있어서 효소가 중요할까

화학반응을 촉진하는 물질을 **'촉매'**라고 합니다. 효소는 촉매의 대표로 '생체촉매'라고도 합니다.

효소는 화학반응을 '효율적으로, 빨리 진행'시키기 위해 필요한 것이지만, 그 화학반응 자체에 반드시 필요한 것은 아닙니다.

그 이유는, 화학반응이라는 것은 예컨대 정신이 아득해질 정도로 오랜 시간을 들이거나, 환경을 바꾸게 되면 때로는 제대로 진행되기도 하기 때문입니다(물론, 복잡한 화학반응은 그렇지 않겠지요). 하지만, 생체 내에서는 그렇게 할 수 없습니다.

화학반응에서 왜 효소가 중요하냐면, 생물과 같이 수명이 짧은 존재들에게 있어서, 체내에서 이루어지는 화학반응은 효율적으로 진행되어야만 하고, 또한 생물 전체를 생각해서 진행되지 않으면 곤란하기 때문입니다.

효소가 없으면 …

생물은 존재할 수 없다.

효소가 있기 때문에

생명을 유지할 수 있다!!

여기서는 효소에 의한 화학반응의 본질… 즉, 효소의 존재가 그 화학반응에 어떠한 의미를 가지고 있는가에 대해서, 그래프와 수식으로 이해하기 쉽게 표현하여 학습해 보겠습니다.

활성화 에너지란 무엇일까?

화학반응이 잘 진행되기 위해서는 일정한 에너지가 필요해! 이 에너지를 '**활성화 에너지**' 라고 부르지.

그리고 어떤 하나의 화학반응의 진행은 이런 그래프로 나타낼 수가 있어.

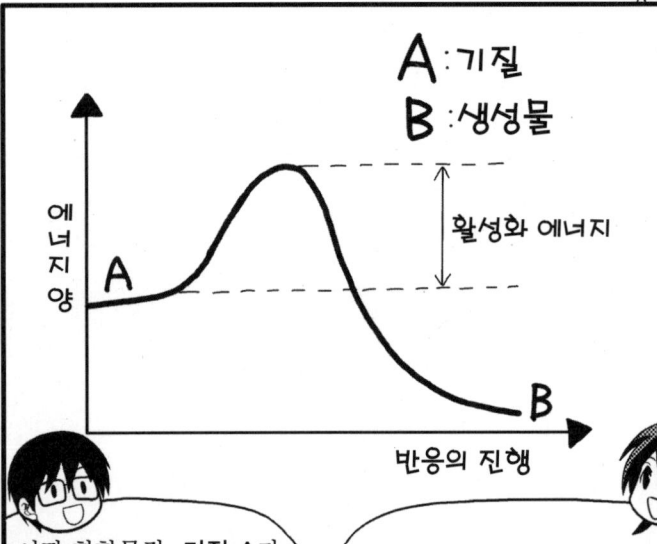

어떤 화학물질, **기질 A**가 반응에 의해 변화해서 **생성물 B**가 생기는 것이지.

반응이 진행돼서 A에서 B가 생기기 위해서는, 한 차례 활성화 에너지 만큼의 에너지를 가할 필요가 있는 거구나.

반응하는 물질(**기질 A**)과 **생성물 B**는 다른 물질이기 때문에 에너지가 달라져 있어.

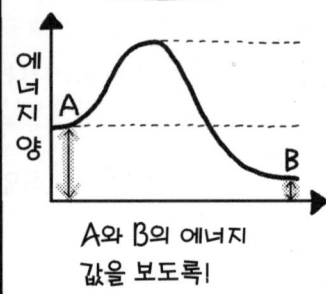

A와 B의 에너지 값을 보도록!

활성화 에너지 자체는 A와 B의 에너지 값의 차에는 영향을 주지 않지.

이해하기 쉽게 이야기 하면, 어떤 화학물질(기질)이 **높은 담장을 기어올라** 담 너머 공터로 내려섬으로써 겨우 생성물이 생성되는 느낌이야.

우~~

높은 담장이라니… 힘들겠어요.

덧붙여서 이 뛰어넘어야 하는 높은 담장의 최고부를 '**활성화 장벽**' 혹은 '**에너지 언덕**' 이라고 해.

쿠―웅

히익―

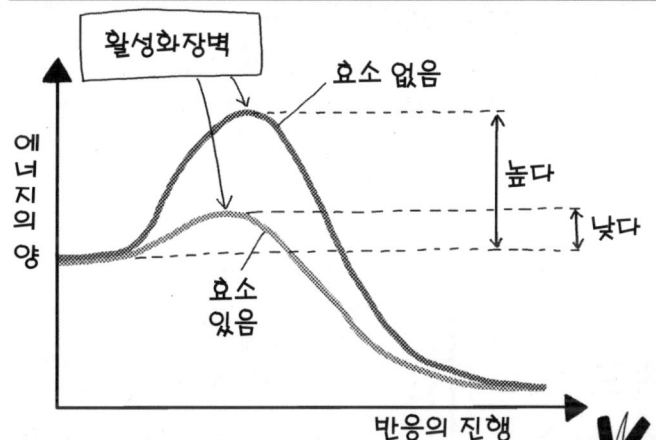

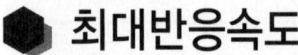

※ 속도가 'V', 최대가 'max'로 V_{max}라는 의미.
속도를 알파벳으로 표현할 때는 Velocity의 머리글자 V를 사용합니다.

효소가 모두 기질과 결합되어 있다, 즉 모든 효소가 작용하고 있는 상태… 라는 게 어떤 거지?

여럿이 낙엽을 청소하고 있는 걸 상상해 봐.

빗자루가 부족해서 일부 사람이 손을 놓고 있는데, 새로운 빗자루가 도착하면…

놀던 사람들도 청소에 참가할 수 있게 되니까, 청소하는 속도가 올라가겠지?

하지만, 이미 모두가 빗자루를 가지고 청소를 하고 있다면… 새로운 빗자루가 몇 자루가 투입되더라도 더 이상 청소 속도가 올라가진 않아. 그와 마찬가지인 거야.

일부 효소가 아무것도 하지 않고 빈둥빈둥 거리는 상태에 새로운 기질을 더해 주면, 그 효소들이 새로 일을 하기 시작하기 때문에 반응의 전체 속도가 올라가.

하지만, 모든 효소가 반응하고 있었다면 새로운 기질을 추가해도 그 이상 반응속도는 올라가지 않아.

즉, 빗자루가 기질이고 사람이 효소라고 생각하면 **기질의 농도 이야기**라는 걸 알 수 있지. 기질의 농도를 x축으로 해서 이 그래프를 보자.

여기 '이 이상은 올라가지 않아요'라는 상태의 속도 V를 '**최대반응속도(V_{max})**'라고 부르는 거야.

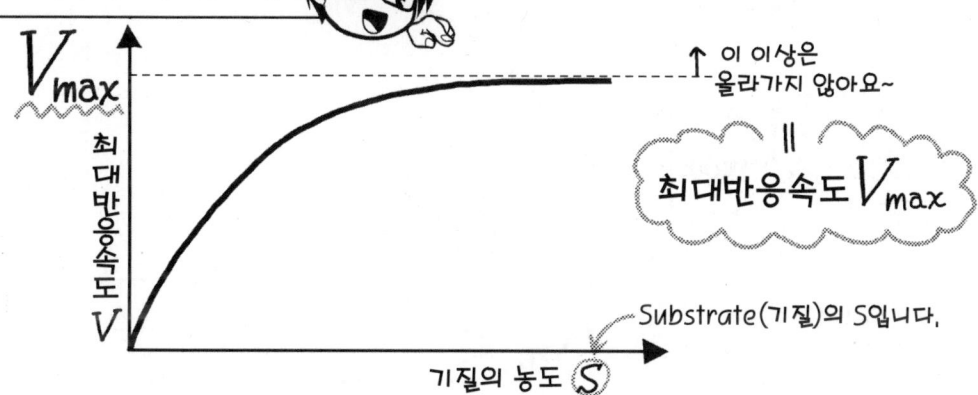

제4장 효소는 화학반응의 핵심

미카엘리스-멘텐식과 미카엘리스 상수

1913년에 미국 생화학자 레오노르 미카엘리스와 캐나다의 생화학자 모드 멘텐이 효소의 반응속도와 기질의 농도와의 관계를 나타낸 기본적인 식을 제창했지.
이것을 두 사람의 이름을 따서 '미카엘리스-멘텐(Michaelis-Menten)식' 이라고 부르고 있어.

$$v = \frac{V_{max}[S]_0}{[S]_0 + K_m}$$

v : 반응속도
$[S]_0$: 효소를 넣기 전의 기질농도

뭐가 뭔지 모르겠어~!!

자~ 자~ 진정해~

중요한 건 이 앞이야!
이 복잡한 식을 유도하기 위해서, 미카엘리스는 반응의 **첫 속도**(반응 초기에 기질의 농도와 반응속도가 직선관계에 있는 부분의 속도를 말함.)가 V_{max}의 절반이 되는 때의 기질의 농도로서 '미카엘리스 상수(K_m)' 라는 수치를 고안해냈어!

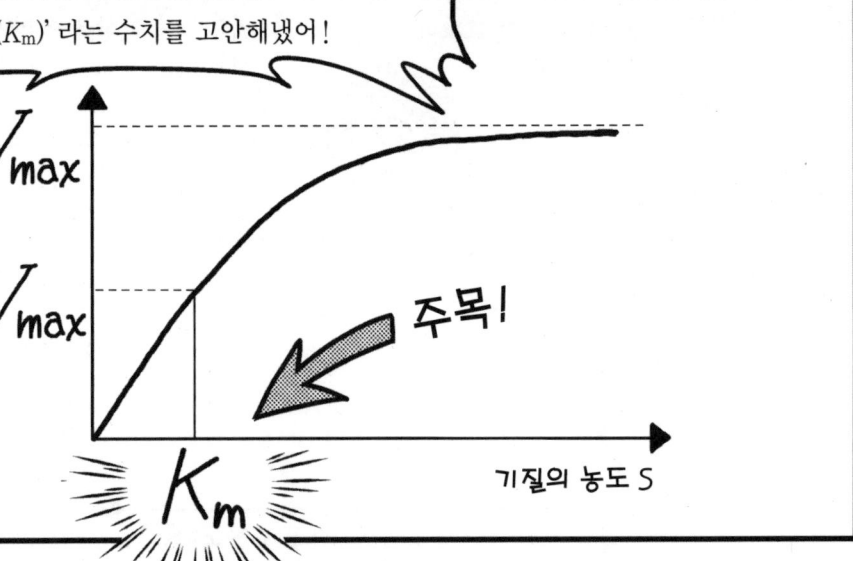

주목!

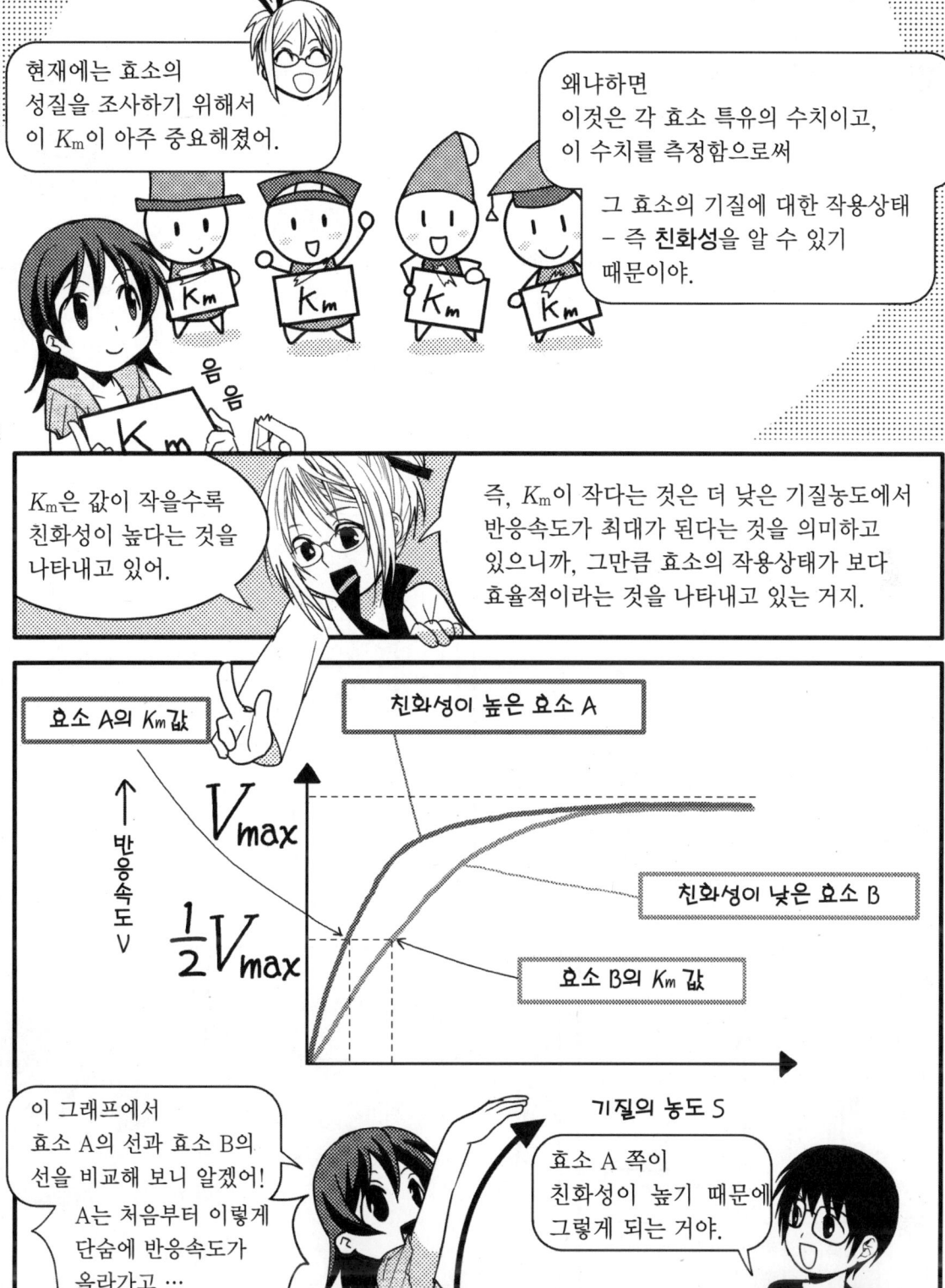

● V_{max}와 K_m을 구해 보자!

그럼 여기서, 실제로 어떤 효소의 V_{max}와 K_m을 구해 보기로 하자!

DNA를 합성하는 효소 DNA 중합효소를 예로 들어 볼게.

제대로 할 수 있을까요~

여기서는 DNA의 재료인 '뉴클레오티드'라는 물질이 '기질'이 되고

측정방법 등은 복잡하기 때문에 생략하지만, 기질의 농도가…

기질농도
0μmol
1μmol
2μmol
4μmol
10μmol
20μmol

…인 용액에 DNA 중합효소를 첨가해 37℃에서, 60분간이라는 조건으로 반응시켰다고 하자.[※1]

그리고 그 결과, 다음과 같은 측정결과가 나왔다고 할 때

기질농도	일 때	측정결과
0μmol	→	0pmol
1μmol	→	9pmol
2μmol	→	15pmol
4μmol	→	22pmol
10μmol	→	35pmol
20μmol	→	43pmol

이 측정결과(단위 pmol[※2])는 얼마만큼의 기질, 즉 얼마만큼의 뉴클레오티드가 DNA 합성에 사용되었는지를 나타내고 있어.

그럼, 이 결과를 그래프로 그려 보는 거야

x축(가로축)에 기질농도[μmol], y축(세로축)에 측정결과[pmol]가 오도록 해봐.

기질농도가 0μmol일 때 측정결과가 0pmol이니까—

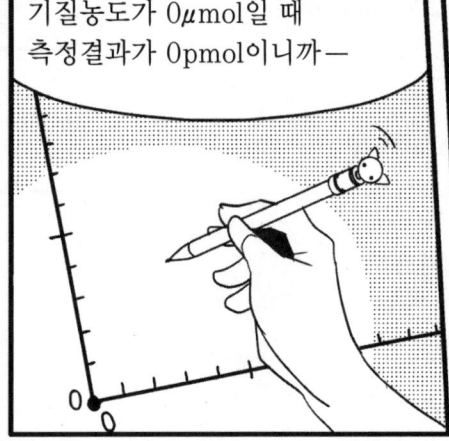

좋~았어!

※1 실제로는 주형 DNA, 마그네슘 이온 등도 첨가됩니다.
※2 읽는 방법은 피코몰입니다. 피코는 밀리 → 마이크로 → 나노 → 피코로 이어지는 단위입니다.

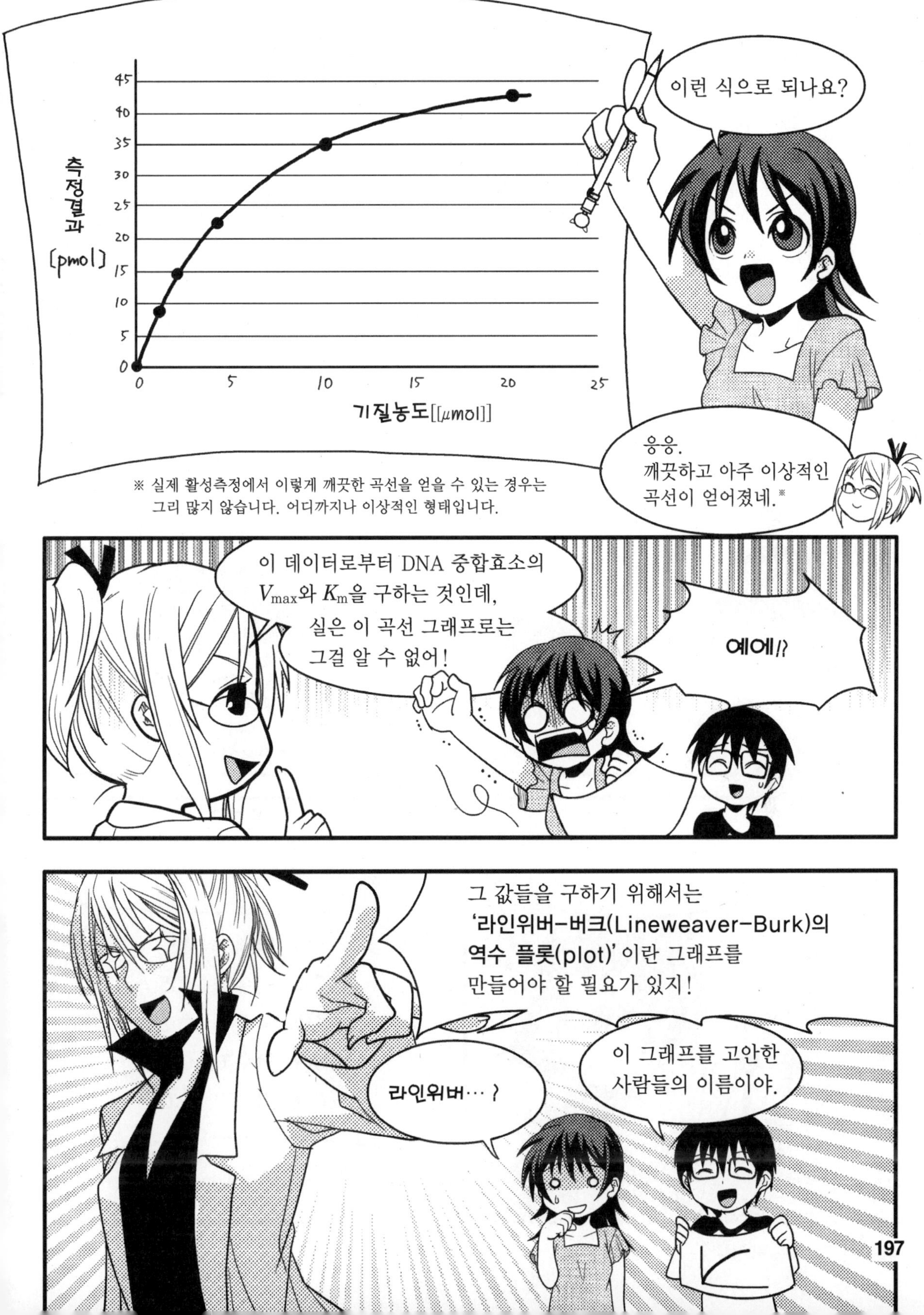

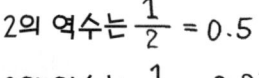

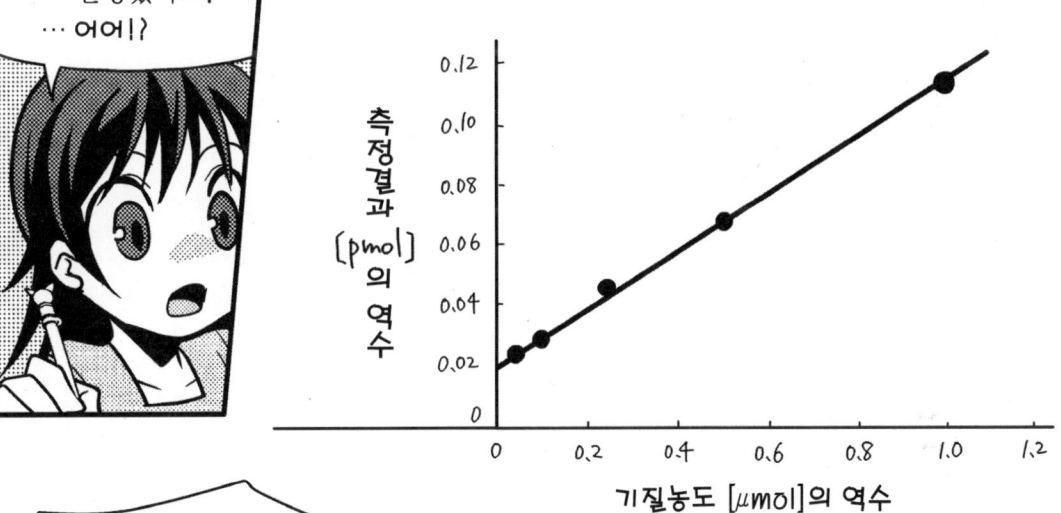

※ 플롯이란 측정값을 점으로 찍고, 그것들을 연결하여 그래프로 만드는 것입니다.

→ 왜 역수를 취할까?

 왜 역수를 취하는 걸까? 궁금하네~ 후후훗…

  우—, 이유가 뭘까요… 종잡을 수가 없어요~!

 그럼, 이제부터 그 궁금증을 풀어봅시다~♪
우선, V_{max}에 주목해 보도록! 아래의 곡선그래프에서는 기질농도가 커질수록, V_{max}에 가까워지고 있다는 것을 알 수 있지?

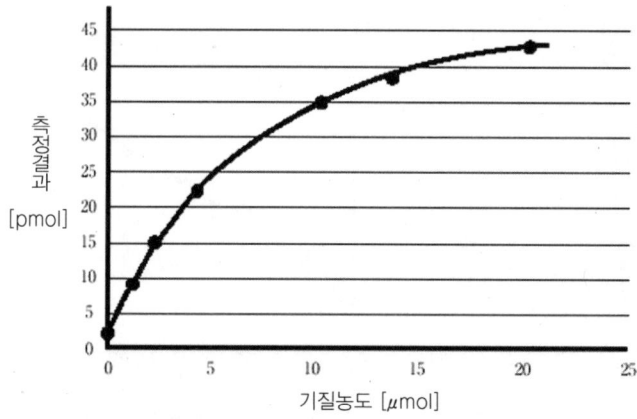

  예. 기질농도가 올라가면 올라갈수록 한계점에 도달해 가고 있어요.
즉, 반응속도의 최대이고 한계인 V_{max}에 가까워지고 있다는 것이겠지요.
이렇게 끈기 있게 측정을 계속해 가면, V_{max}도 $\frac{1}{2}V_{max}$도, K_m도 언젠가 알 수 있겠군요!

 확실히 실제의 효소반응의 측정결과로부터도 그것들을 구할 수 있겠지.
하지만 현실적으로는 조금 어려워.

 예… 왜 그런가요?

V_{max}에 가까워지면 가까워질수록, 측정결과의 값은 자잘해지고 미묘~~해지거든.

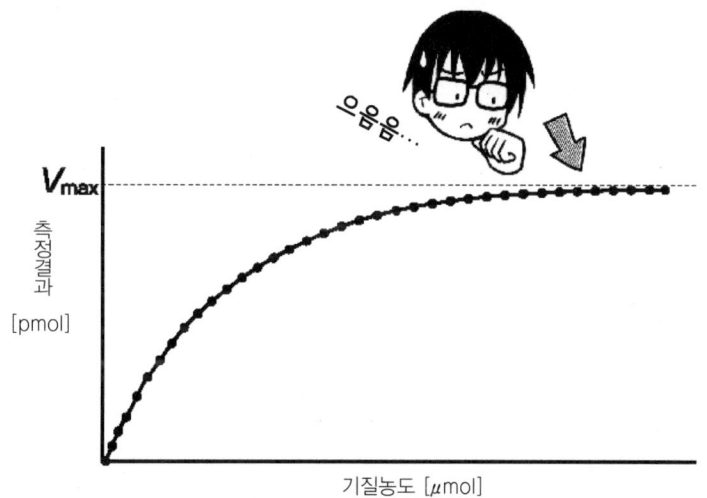

 측정결과의 점과 점을 연결한 그래프로는 어디가 정말 딱 맞는 V_{max}인지, 정확성이 결여돼 있는 거야.

 마치 언제까지나 V_{max}에 도달하지 못하는 것처럼 보이지?

 과연… 그럼 도대체 어떻게 하면 좋을까요?

 그래서 발상의 전환이 필요한 거야! 기질농도가 올라가고 올라가서, 만약 무한대가 된다면 어떨까?

 무한대라면, V_{max}가 되네요…

하지만, 무한대라면 계산할 수 없잖아요.
어떻게 하면 V_{max}를 구할 수 있을까요?

 그래서, 발상의 전환!
무한대의 역수는 0(제로)이라는 점을 이용하는 거야.

즉, 역수를 구함으로써
x축이 제로일 때의 y축의 수치를 'V_{max}'로서 결정할 수 있어!
정확하게는, 이때 y축의 수치는 $(\frac{1}{V_{max}})$이지만 말이야.

 즉, 이런 것이지요.

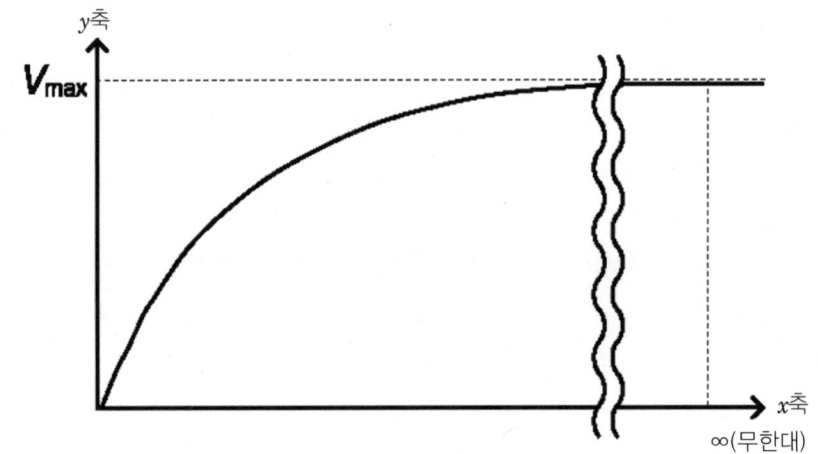

> **스텝 1**
> x축의 값이 '무한대'일 때, y축의 값은 V_{max}구나…

하지만, 무한대라니 추상적이라 계산할 수가 없잖아!
뭔가 구체적인 숫자로 바꾸고 싶은데…
그렇지! x축, y축을 모두 역수로 만들어보자.

스텝 2

x축의 값이 $\dfrac{1}{무한대}$ 일 때, y축의 값은 $\dfrac{1}{V_{max}}$ 이지…

'무한대의 역수 = 0' 이라는 점을 적용해 보자.

스텝 3

x축의 값이 0일 때, y축의 값은 $\dfrac{1}{V_{max}}$ 이네…

이렇게 해서, 그래프를 만들면 V_{max}의 구체적인 수치를 구할 수 있을 것 같아!

오오! 과연…
그래프라고 하면 질색이었는데, 왜 역수를 취하는지, 어떻게 해서 역수를 구하는지 순서대로 생각해보니 어렵지 않네요!

이유를 알면, 머리가 개운해지지?
그럼, 방금 아까 직선그래프로 돌아가서, 실제로 V_{max}의 값을 구해 보자.

예!
앞으로도 역수를 자꾸자꾸 써봐야겠어요~!

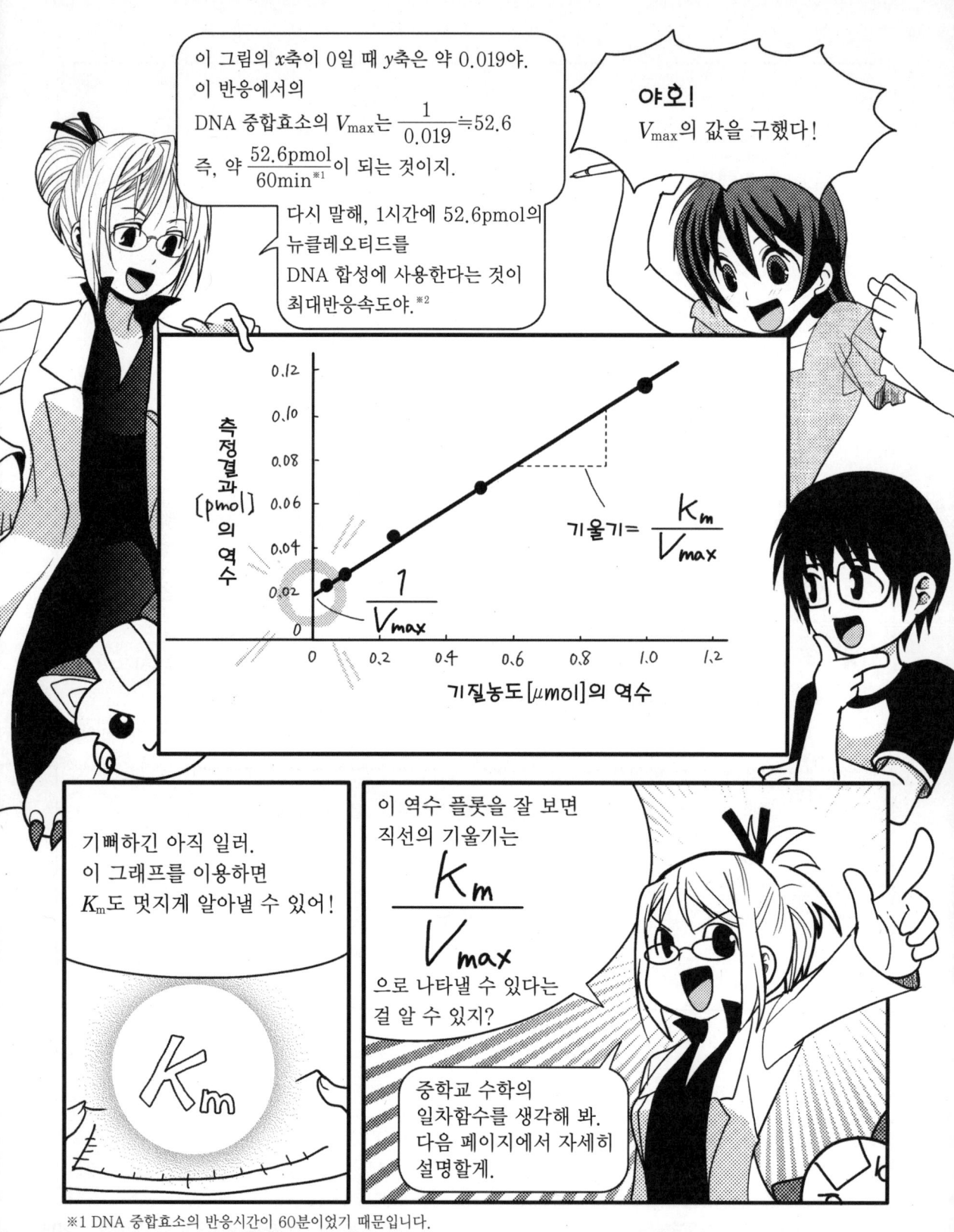

미카엘리스-멘텐식에서 K_m, V_{max}를 구해봅시다!

$$v = \frac{V_{max}[S]_0}{[S]_0 + K_m}$$

↓ 역수 = $\frac{1}{v}$를 구하면

$$\frac{1}{v} = \frac{[S]_0 + K_m}{V_{max}[S]_0} = \frac{[S]_0}{V_{max}[S]_0} + \frac{K_m}{V_{max}[S]_0}$$

$$= \frac{1}{V_{max}} + \frac{K_m}{V_{max}} \cdot \frac{1}{[S]_0}$$

즉, $y = ax + b$의 직선 그래프가 그려집니다. 이 경우

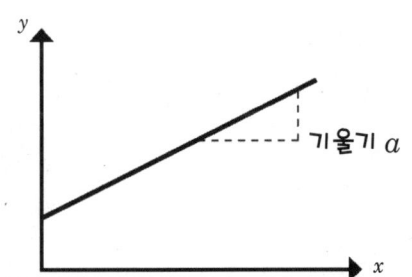

$y : \frac{1}{v}$

$x : \frac{1}{[S]_0}$

$a : \frac{K_m}{V_{max}}$

$b : \frac{1}{V_{max}}$ 가 됩니다.

아아! 중학 수학에서 배웠던 일차함수네요. 생각이 잘 안나지만…

그렇지! 일차함수이기 때문에 직선그래프로 나타낼 수 있고, 직선이 됨으로써 큰 메리트가 생기게 돼. 이 직선을 쭉 늘려도 값이 성립한다는 것이지!

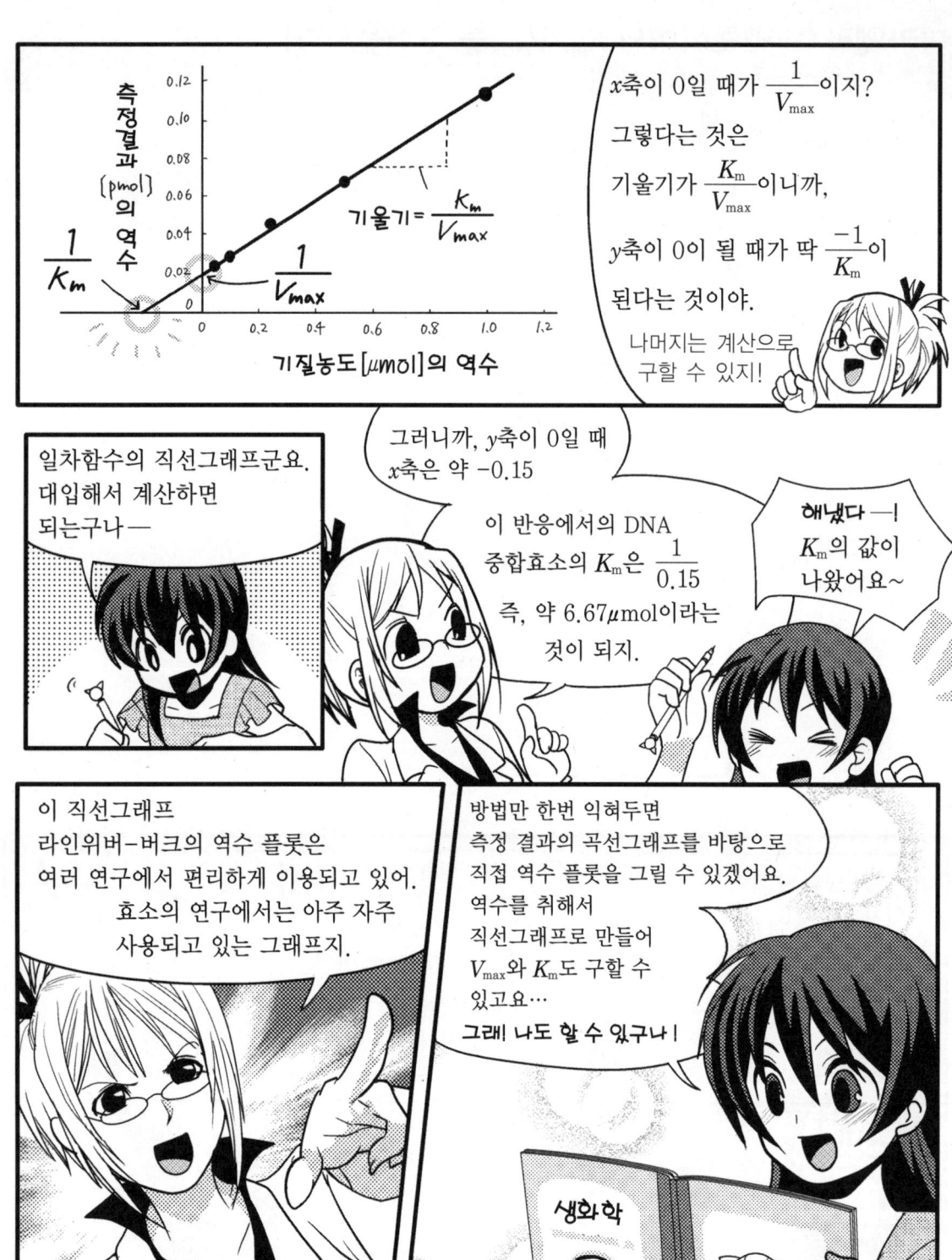

4. 효소와 저해제

도대체 무엇을 위해서 어려운 수식과 그래프 따위를 만들고, V_{max}나 K_m같은 것을 구해야 하는 걸까요?

효소반응이 엄밀한 화학적 혹은 수학적 법칙에 따라서 이루어지는 극히 디지털적인 반응이라는 것을 이해하는 것도 물론 하나의 이유가 될 수 있겠지요.

하지만 무엇보다도 효소의 연구 혹은 그 효소를 둘러싼 세계를 연구하는 학자에게 있어서 V_{max}와 K_m은 연구에 매우 효과적으로 이용되고 있습니다.

그 연구 중 하나가 효소와 '**저해제**'의 관계를 명확히 하는 연구겠지요. 저해제라는 것은 효소와 기질의 결합에 영향을 미치거나 효소 자체에 영향을 미쳐, 결과적으로 효소활성을 저해하는 물질을 말합니다.

저해제의 대부분은 인공적으로 만들어진 것으로 효소의 연구에 이용되고 있습니다. 효소를 저해하는 것이기 때문에, 생체에 있어서는 유해물질이 되는 것이 많지만, 그것을 역으로 이용하여 암세포를 죽이기 위한 약으로 이용되는 것도 많습니다.

또한 효소를 저해하는 이런 물질들은 자연계에도 존재하는데, 그런 경우에는 저해'제'라고 하기보다는 '효소저해물질'이라고 부릅니다. 예를 들어 세포 안에서 만들어지고, 세포의 대사활동의 효소반응을 조절하기도 하는 중요한 역할을 하는 것이 있다는 것입니다. 또한 콩과식물의 종자 중에는 '항영양인자'라고 불리는 'α-아밀라아제 인히비터(inhibitor:저해하는 것이라는 뜻)'와 '트립신 인히비터'같은 효소저해물질이 많이 함유되어 있다는 사실이 알려져 있는데, 이는 동물에게 먹히는 것에 대한 식물의 방어반응의 일환이 아닐까 여겨지고 있습니다.

그런데 저해제의 구조가 기질과 아주 흡사할 경우, 효소의 '기질특이성'이라는 성질에 능숙하게 파고듭니다. 그렇게 되면 결합은 하되 미묘하게 형태가 달라져 반응하지 않게 되고, 결과적으로 효소의 작용을 방해하게 되는 것입니다. 이와 같은 저해제는 많이 알려져 있습니다. 실은 미카엘리스-멘텐식을 응용하면, 저해제가 어떠한 메커니즘으로 효소반응을 저해하고 있는지를 알 수 있습니다.

저해하는 메커니즘에는 '**경쟁적 저해**'와 '**비경쟁적 저해**' 등의 몇 가지 메커니즘이 존재합니다.

경쟁적 저해란 기질과 유사한 물질이 효소의 기질과의 결합부위에 결합해 버림으로써, 효소반응을 저해하는 메커니즘입니다.

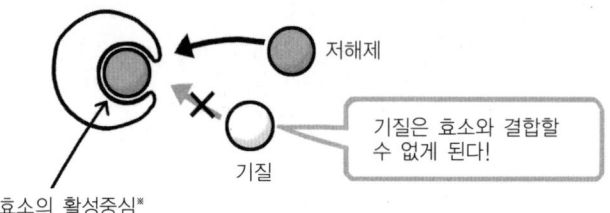

※ 활성중심이란 효소에서 기질이 결합하여,
  촉매작용을 받는 부분을 말하고 '활성부위'라고도 부릅니다.

그 결과 효소의 최대반응속도 V_{max}에는 영향을 주지 않지만, 효소에게 있어서는 저해제로 인해 기질농도가 옅어지게 된 것과 같기 때문에, 그만큼 최대반응속도를 달성하기 위해 K_m값이 올라가게 됩니다.

그러므로 저해제의 저해방식이 경쟁적 저해일 경우, '라인위버-버크의 역수 플롯'을 취하면, 다음과 같이 직선의 기울기가 커지는 방향으로 이동합니다. 이때 y축과의 교차점은 변화하지 않습니다.

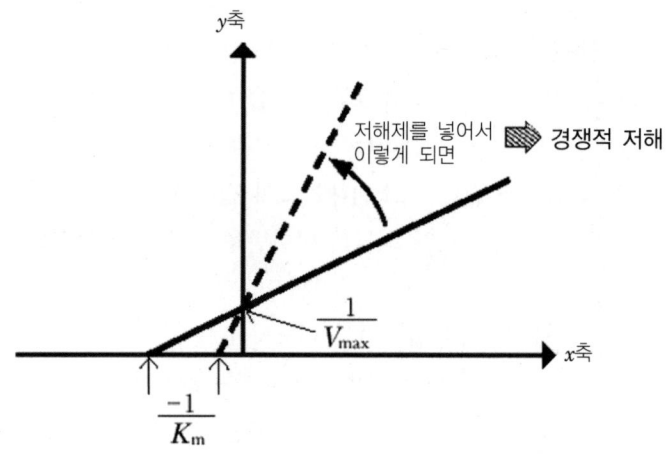

y축과의 교점 $\frac{1}{V_{max}}$은 변하지 않지만, x축과의 교점 $\frac{1}{K_m}$이 변화합니다. 즉 어떤 저해제를 사용하여 측정해서 그래프로 만들었을 때 이러한 형태라면, 그 저해제는 '경쟁적 저해'에 의해 효소반응을 저해하고 있다는 것을 알 수 있는 것입니다.

또한 **비경쟁적 저해**란 효소의 기질과의 결합부위와는 관계없는 부위에 결합하여, 효소반응을 저해하는 메커니즘입니다.

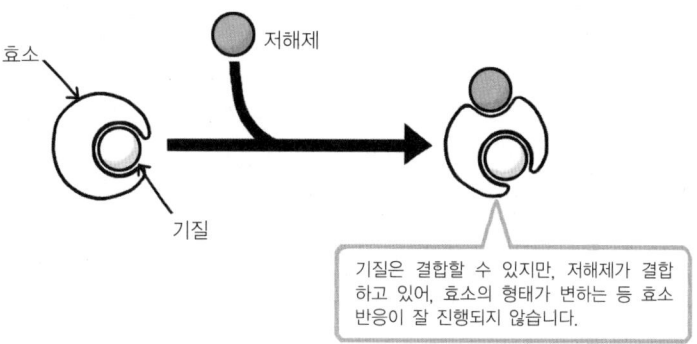

기질은 결합할 수 있지만, 저해제가 결합하고 있어, 효소의 형태가 변하는 등 효소반응이 잘 진행되지 않습니다.

이 경우 저해제는 효소와 기질의 결합 자체에는 영향을 주지 않기 때문에, K_m에는 전혀 영향이 없습니다. 그 대신 저해제는 효소반응 자체를 저해하는 것이 되기 때문에 저해제가 증가해 감에 따라서, 최대반응속도는 점점 작아지게 됩니다.

따라서 저해제의 저해 방식이 비경쟁적 저해인 경우에는 '라인위버-버크의 역수 플롯'을 취하면, 다음과 같이 역시 직선의 기울기가 커지는 방향으로 이동하지만, '경쟁적 저해'의 경우와는 달리 x축과의 교점은 변하지 않은 채, y축과의 교점이 변화합니다.

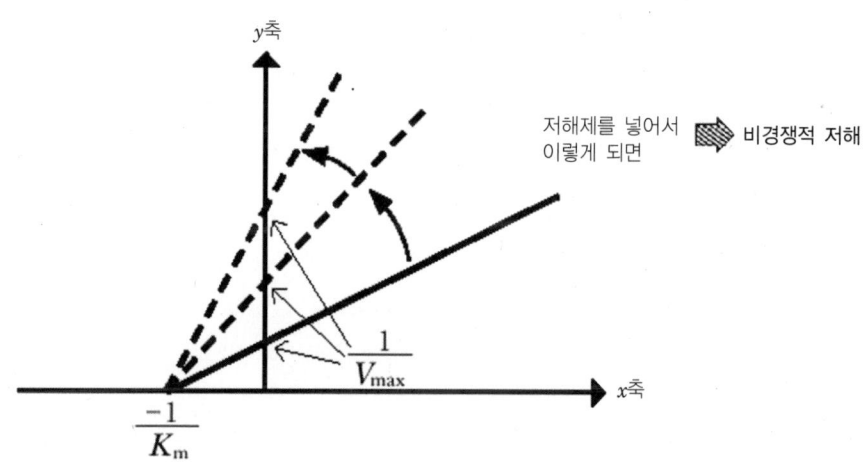

저해제는 이렇게 효소반응에 크게 영향을 미치는 물질이기 때문에, 이를 이용하여 효소의 구조와 반응구조를 해명하는 연구 또는 그것을 한발 더 이용하여 암세포 효소를 저해하여 암세포를 죽이는 연구 등에 자주 이용되고 있습니다.

알로스테릭효소

이 책에서는 미카엘리스-멘텐식에 대입하는 효소반응에 대해서 소개했지만, 수많은 효소 중에는 미카엘리스-멘텐식에 대응할 수 없는 활성을 보이는 것도 많이 있습니다.

그 중 하나이지만, 복수의 서브유닛으로 구성되는 효소에서는 '알로스테릭 효과'라고 부르는 활성의 변화를 일으키는 것이 있으며, 그러한 효소를 '알로스테릭효소'라고 부릅니다. 예를 들어 어떤 하나의 서브유닛에 결합한 기질이 효소에 입체구조의 변화를 초래하여, 다른 서브유닛에 기질이 결합하기 쉽게 하는 등의 효과가 일어나는 경우입니다.

이런 경우 기질농도와 반응속도의 관계를 나타내는 곡선은 전형적인 미카엘리스-멘텐식에 대응하는 쌍곡선이 아니라, S자형의 'sigmoid 곡선'이 됩니다.

자세한 설명은 생략하지만, 이와 같이 효소반응은 반드시 어떤 일정한 식에 따라 일어나는 단순한 것이 아니라, 다양한 반응양식이 존재하는 아주 복잡하고 다양한 것입니다.

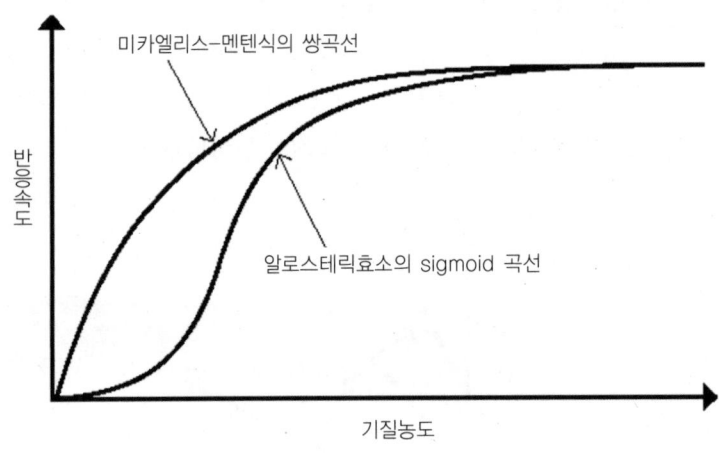

제5장
핵산의 생화학과 분자생물학

1. 핵산이란 무엇일까?

■ **핵산이란?**

자, 생화학 즉 생체의 화학을 알기 위해서는 지금까지 공부해온 **단백질, 지질, 당질** 이외에도 또 한 가지 아주 중요한 물질이 있어. 바로 '핵산'이라고 부르는 물질이야.

세포의 '핵' 안에 풍부하게 존재하는 산성 물질이라는 의미로 붙여진 이름이지.

세포의 핵은 맨 처음 야옹이 로봇으로 봤었지? DNA의 저장고라고 하는…

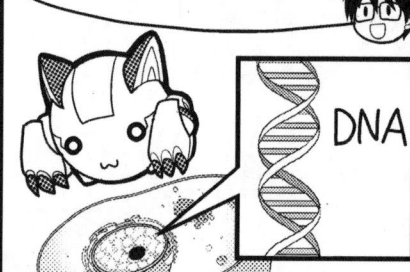

응, 크고 동그란 거 말이지? 굉장히 중요할 것 같은데~ 마지막 수업에 잘 어울리겠어!

핵산이란 한 마디로 말하면 **'유전자의 본체'** 이고, 또한 유전자가 제대로 기능하기 위해서 없어선 안 되는 물질이야.

아, 알고 있어요! DNA가 유전자의 본체인거죠?

그렇긴 하지만…모든 DNA가 유전자인 것은 아니야.

그렇지. 유전자란 DNA의 일부-유전 정보로서 의미가 있는 부분을 말하는 것으로 단백질의 설계도라고도 할 수 있지.

단백질을 만들기 위해서 필요한 것은 아미노산의 배열 정보 (나열되는 방식과 수)인데, 그것이 핵산에 암호 형태로 기록되어 있는 것이 바로 '유전자'야.※

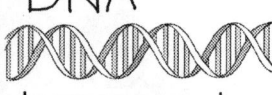

※ 정확히는 유전자에는 'RNA(단백질로는 번역되지 않는 RNA)의 설계도' 도 포함됩니다.

레시피

(p.33을 참조)

아, 생각났다! 핵 안의 DNA에 기록되어 있는 것이 유전자! 이 설계도를 바탕으로 단백질을 만들고 있는 것이었지~

응응

현재, 핵산에는 'DNA(디옥시리보오스 핵산)'와 'RNA(리보오스 핵산)' 2종류가 있다는 것이 알려져 있어.

DNA / RNA

사실은 단백질이 만들어지기 위해서는 DNA뿐만 아니라 RNA도 필요해. RNA는 매우 중요한 역할을 하고 있어.

DNA (유전자를 포함한다) → 전사 → RNA → 번역 → 단백질

DNA는 나도 들은 적 있고, 모양도 본 적 있어!

하지만 RNA는 모르겠네…

그럴 거야. RNA는 일반적으로 그다지 알려지지 않았으니까. RNA가 우리들 생물에게 있어서 아주 중요한 물질이라는 것은 비교적 최근에 알려지기 시작했거든.

217

미셔에 의한 뉴클레인의 발견

 스위스의 생화학자 프리드리히 미셔(1844-1895)는 어느 날, 근처 병원에서 받아 온 다 쓴 붕대에 붙은 백혈구에서 그때까지 발견되지 않았던 새로운 물질을 발견하고 순수하게 추출하는데 성공했어.

다 쓴 붕대에 붙어있는 백혈구.
즉, 그것은 그 환자의 '고름' 이지.

프리드리히 미셔

 윽. 뭔가 좀 으스스한…

 미셔는 고름에서 단백질을 모두 제거하기 위해 '단백질 분해효소' 라고 불리는 효소를 첨가하고, 또 다시 지질을 제거하기 위해 '에테르 추출' 이라고 불리는 방법으로 고름을 처리하여 백혈구를 추출해 낸 거야.

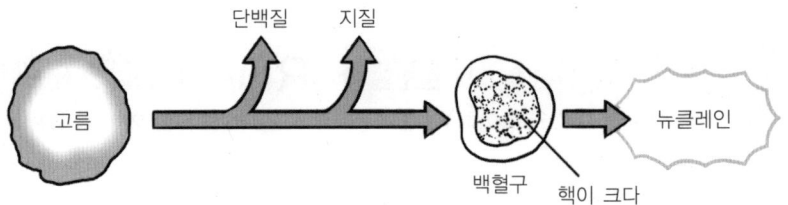

 그 백혈구로부터 얻어진 것이 강한 산성을 보이는 물질이었지. 백혈구의 '**핵**(nucleus)' 속에서 발견됐기 때문에, 미셔는 그 물질에 '**뉴클레인**(nuclein)' 이라는 이름을 붙였어.
나중에 미셔는 연어의 정자에서도 뉴클레인을 추출하는 데 성공했어. 이 뉴클레인이야말로 나중에 '핵산' 이라는 것이 알려졌고, 또한 그 핵산에는 'DNA' 와 'RNA' 라는 2가지 타입이 존재한다는 것이 20세기 전후에 밝혀지게 된 거야.

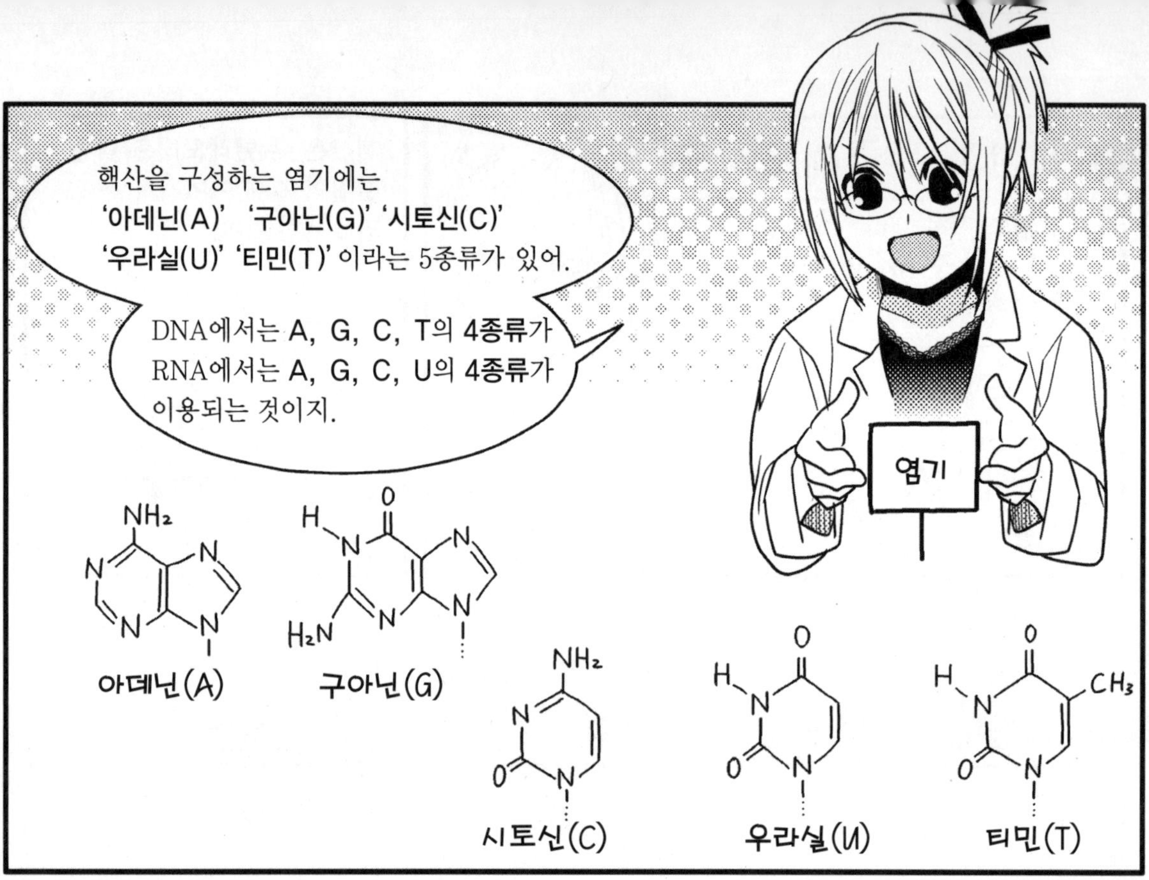

핵산을 구성하는 염기에는
'아데닌(A)' '구아닌(G)' '시토신(C)'
'우라실(U)' '티민(T)'이라는 5종류가 있어.

DNA에서는 A, G, C, T의 4종류가
RNA에서는 A, G, C, U의 4종류가
이용되는 것이지.

아데닌(A) 구아닌(G) 시토신(C) 우라실(U) 티민(T)

또한, 그 구조상의 특징으로
구분해 A와 G는 '퓨린 염기'
C, U, T는 '피리미딘 염기'라고
부르지.

간식으로 먹는 푸딩하곤
관계가 없겠지요… 역시…

육각형 고리 1개와
오각형 고리 1개인 것을
퓨린(purine),

육각형 고리가 1개인 것을
피리미딘(pyrimidine)이라고 해.

퓨린

피리미딘

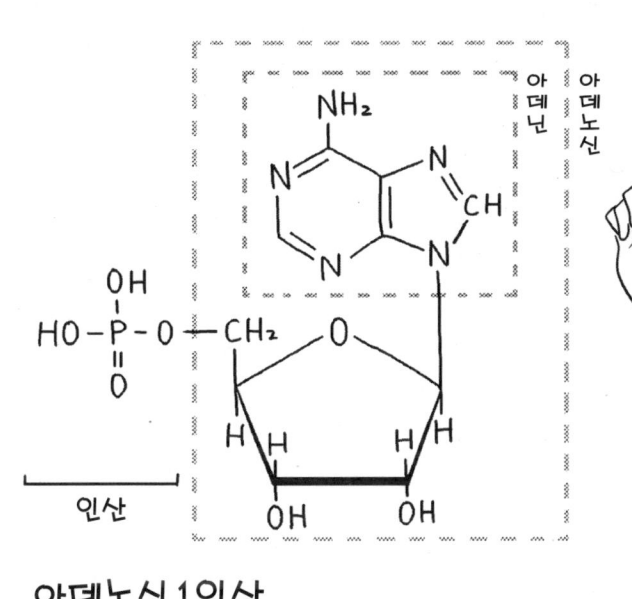

아데노신1인산

이 그림은 아데닌(A)을 염기로 하는 뉴클레오티드의 구조야.

이것을 정식으로는 '아데노신1인산 (아데노신5'-인산)' 이라고 부르지.

이때의 오탄당은 리보오스이고 만약 이것이 디옥시리보오스인 경우는 '디옥시아데노1인산' 이 되는 거야.

디옥시리보오스와 리보오스 …
우우우, 머리가 빙글빙글 돌아~

당(오탄당)

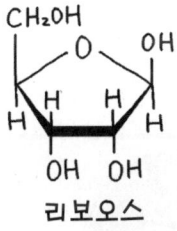
리보오스

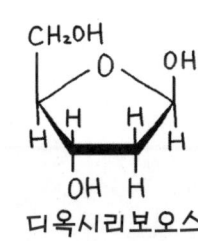
디옥시리보오스

덧붙여 이 오탄당은
DNA의 경우는 '**디옥시리보오스**'
RNA의 경우는 '**리보오스**'가 이용되게 되어 있어.

우선,
DNA에서는 디옥시리보오스가
RNA에서는 리보오스가
사용된다고 기억해 두면 충분해.
자세한 건 나중에 나올 테니까.

제5장 핵산의 생화학과 분자생물학

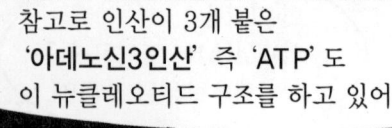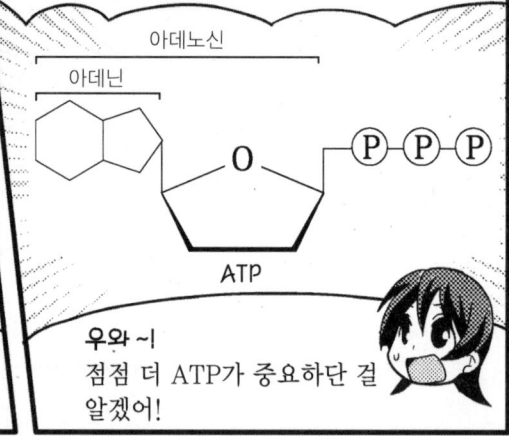

염기의 상보성(相補性)과 DNA의 구조

핵산은 뉴클레오티드가 길게 선상(線狀)으로 이어진 것으로, 뉴클레오티드 각각의 오탄당의 3′ 위와 5′ 위의 탄소가 인산으로 다리를 놓은 형태를 하고 있지. 이것을 '**폴리뉴클레오티드(polynucleotide)**' 라고 불러.

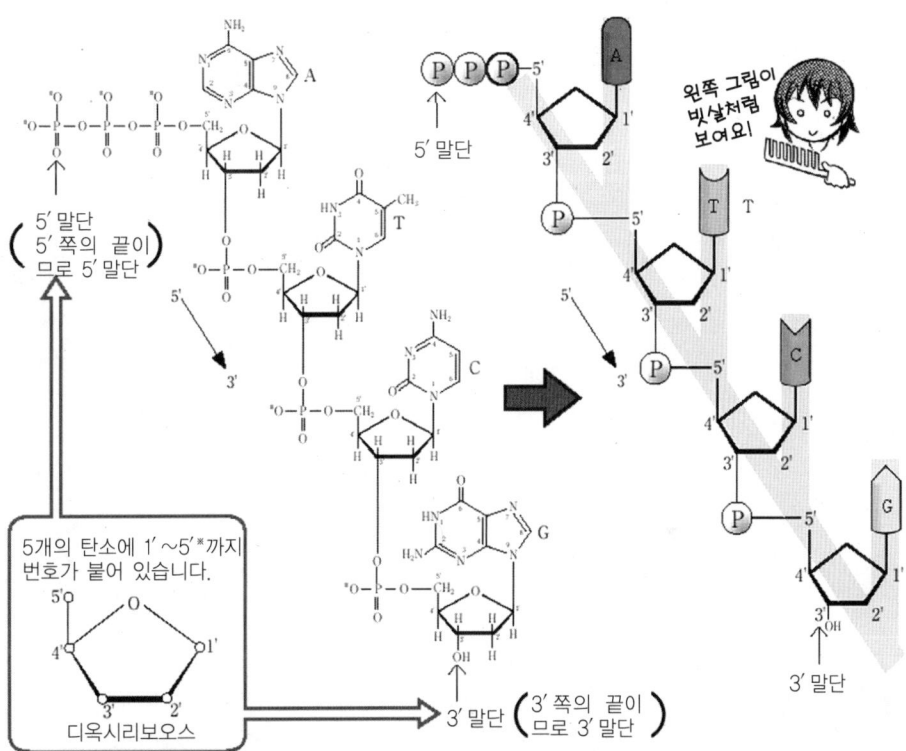

폴리뉴클레오티드

이때 염기는 폴리뉴클레오티드의 한쪽에 빗살처럼 튀어나온 모습이 되어 있어. DNA는 이 염기를 매개로 하여, 두 가닥의 폴리뉴클레오티드가 2중으로 되어 나선 모양의 구조를 만든 것이지.

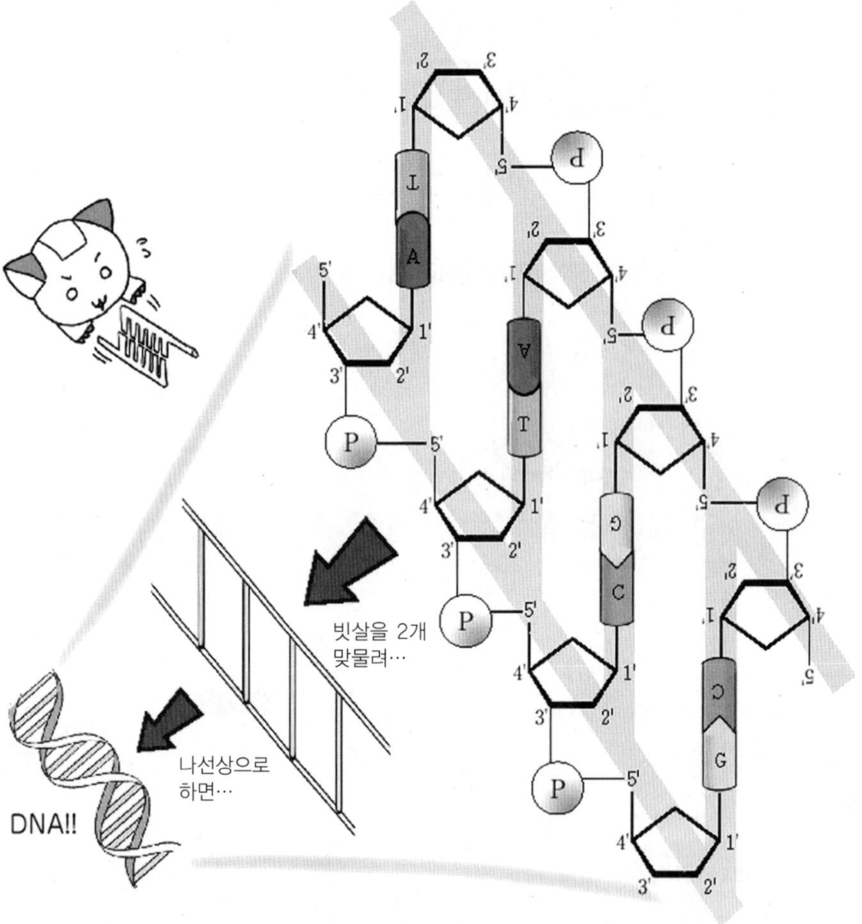

아아! 그 빗살과 같은 부분이 붙어서, 저 부분이 되는 것이군요!

그래. 즉, 염기와 염기가 수소결합에 의해 '쌍'을 이루어 폴리뉴클레오티드가 2중이 되는데, 이때 염기의 '쌍'은 반드시 A와 T, G와 C가 되는 거야.

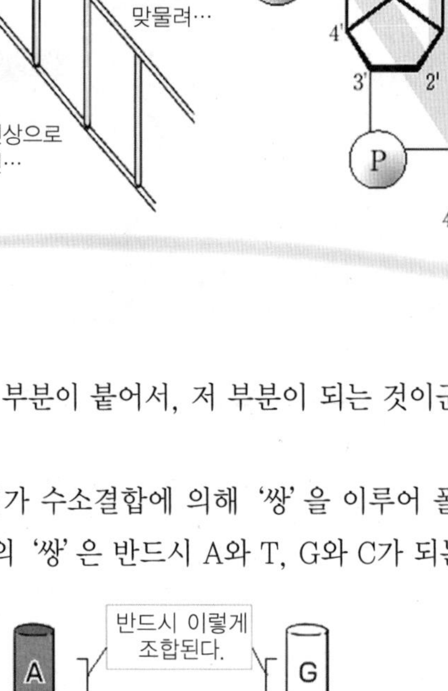

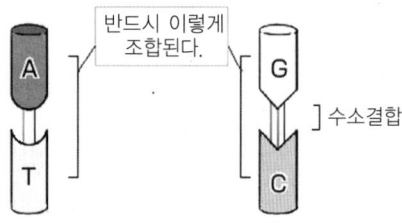

 이렇게 쌍을 이루는 특징을 '**상보성**(相補性)'이라고 해. 이런 특징이 있기 때문에, DNA는 이중으로 된 폴리뉴클레오티드가 한 가닥으로 나누어진 다음, 그것을 '**주형**(鑄型)'으로 하여 새로운 뉴클레오티드를 연결해 가면서, 염기의 나열방식이 같은 DNA 2가닥이 만들어 지게 되지. 결국, '**복제**'를 할 수 있다는 거야.

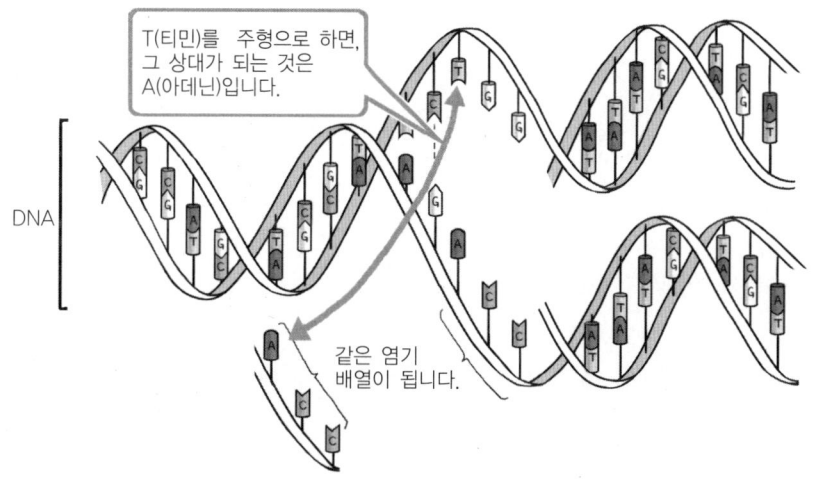

 주형은, 예를 들면 붕어빵을 만드는 틀과 같은 거야.

 그렇구나… 틀이 있으면 복제하기 쉽겠지.
상대가 결정되어 있으면, 무엇을 만들어야 하는지도 정해져 있잖아.
결국, DNA는 복제하기 쉬운 구조로 되어 있는 거네!

 DNA가 다른 생체고분자(단백질, 당질, 지질)와 크게 다른 점도 '복제'한다는 성질이지.

▶ DNA 중합효소의 효소활성과 DNA 복제

 자, 그런데 왜 DNA는 복제를 하는 걸까?
그 이유는 DNA가 유전자의 본체이기 때문이야.

 유전자란 결국, 부모에게서 자식에게로 전달되는 것. 세포로부터 세포에게 전달되는 것으로, 세포가 분열할 때는 동일한 것을 2개의 세포에게 물려줘야 하기 때문에, DNA는 그에 앞서 복제를 해야만 한다는 것이지.

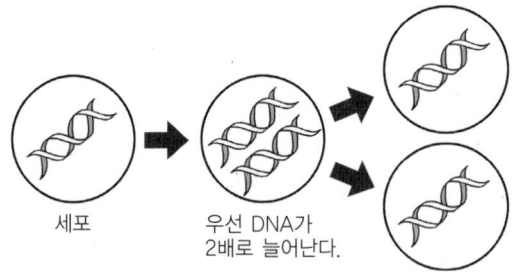

세포 → 우선 DNA가 2배로 늘어난다. → 깨끗하게 분열한다.

 … 뭔가 스케일이 거대해요…!

 DNA를 복제하는 효소인 'DNA 중합효소'를 세계 최초로 발견한 것은 미국의 생화학자 콘버그(Arthur Kornberg, 1918-2007)란 사람이야.

콘버그(A. Kornberg)

 DNA 중합효소는 V_{max}와 K_m을 구할 때의 효소지. 기억나니?

 응! DNA를 복제하는 효소인가…
효소란 정말 여러 가지 기능을 가지고 있네요.

 콘버그가 대장균 배양액에서 DNA 중합효소를 합성하는 활성을 가진 효소를 추출한 것이 1957년의 일이지.
즉, 이 효소를 사용하면 시험관 속에서 DNA를 인공적으로 합성할 수 있다는 것으로, 그의 자서전 「그것은 실패로부터 시작됐다」(新井賢一감역,羊土社)에 의하면, 미국에서는 큰 센세이션을 불러일으켰다고 해.

 분명히 큰 충격이었겠지요.

 물론이지. 학술적으로 매우 중요한 성과가 인정되어 콘버그는 1959년에 노벨 생리학 의학상을 수상했어.

자, DNA 중합효소는 정식으로는 'DNA 의존 DNA 중합효소'라고 부르지. 이것은 'DNA를 주형으로 하여, 그 염기서열에 상보적인 염기를 가지는 디옥시리보오스 뉴클레오티드를 중합해가는 효소'라는 의미야.

 흐음. 짝이 정해져 있기 때문에, 주형을 참고로 해서 자꾸 만들어 간다는 거군요.

 DNA 중합효소가 촉매로 작용하는 화학반응은 다음과 같은 반응이야.

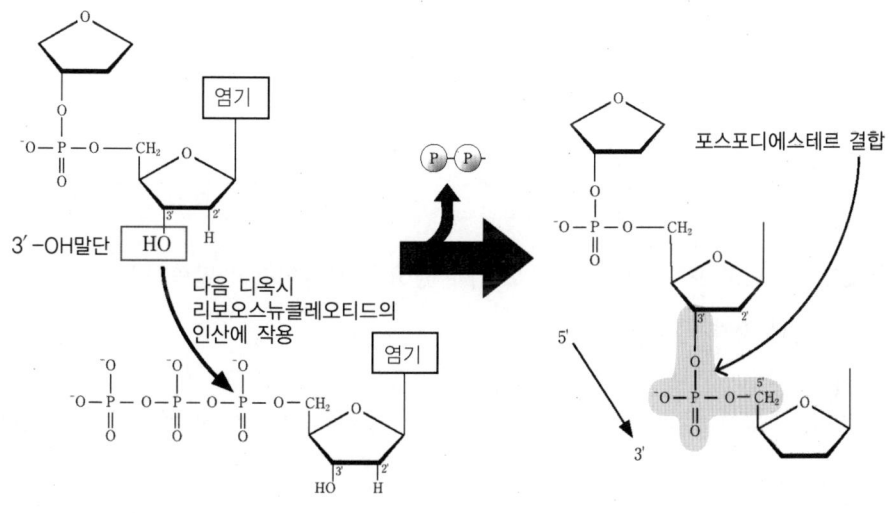

이 반응에서는 3개의 인산이 붙은 뉴클레오티드가 염기로서 사용됩니다.

 요컨대, DNA 중합효소는 디옥시리보오스뉴클레오티드의 3′-OH 말단을 다음 디옥시리보오스뉴클레오티드의 인산에 작용시켜 **'포스포디에스테르(phosphodiester) 결합'** 을 만드는 화학반응을 촉매하고 있는 거지.

 결합되어야만 하는 쌍의 중합반응을 촉진하고 있는 것이네요.

 그 말대로야! 후후후…

 …

> RNA의 구조

 한편, 뉴클레오티드의 구성성분인 오탄당에 '리보오스'를 이용하는 RNA는 DNA처럼 각각인 폴리뉴클레오티드가 이중이 되는(두 가닥 사슬이 되는) 경우는 적고, 대개 한 가닥의 폴리뉴클레오티드로 되어 있어. 다만, 최근 연구에서 세포 속에서는 두 가닥 사슬도 꽤 많이 있다는 것이 밝혀지고 있지만 말이야.

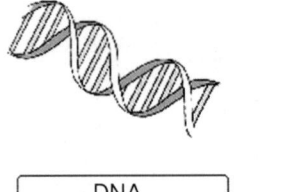 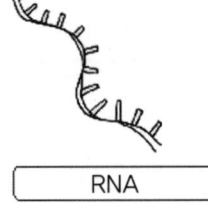

DNA　　　　　　　　　　RNA

 그러고 보니, 아까 RNA도 아주 중요한 물질이라고 말씀하셨는데, 어떤 역할을 하고 있나요?

 그렇지. 그건 설명이 너무 길어질 것 같으니까, 나중에 찬찬히 설명하도록 할게 (p.234를 참조).

 예~!

 DNA와 다른 점은 RNA가 '분해되기 쉽다' 는 것이야.
쿠미 양, 리보오스와 디옥시리보오스, 기억나?

 DNA와 RNA에서 다른 '오탄당'…이었나요?

 그렇지! 다음 그림과 같이, RNA를 구성하는 리보오스에서는 DNA의 디옥시리보오스와는 달리, 2′ 위 탄소에 수산기(2-OH)가 붙어 있어. 이 수산기가 실은 애를 먹이는 존재인데, 특히 거기에 포함되어 있는 산소원자(O)가 보통내기가 아니야. 말하자면 '바람둥이' 이지.

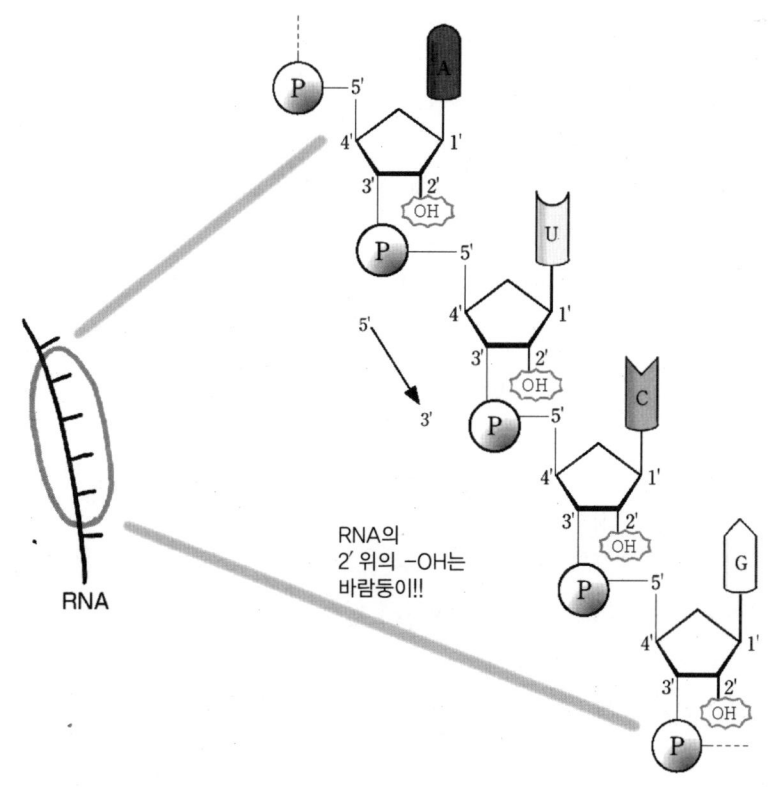

RNA의 2′ 위의 −OH는 바람둥이!!

 에에~!! 저질이에요!

 (난, 바람 같은 거 안 피울게!!)

 실은 이 수산기의 존재에 의해서, RNA는 '**염기촉매**'라는 현상으로, 이른바 자기 분해해 버린다고 알려져 있어.

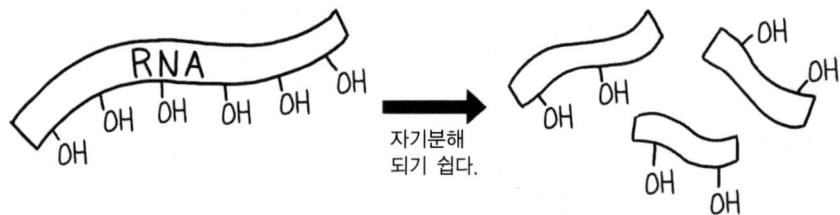

염기촉매의 단계는 다음과 같아.

 우선, RNA의 주위에 존재하는 '염기'(만일을 위해 말해 두지만, A, U, C, G의 염기가 아님) 즉, 수산화 이온(OH^-) 등, 프로톤(H^+)을 받아들이기 쉬운 성질을 가진 물질이 이 '바람둥이'를 꼬시는 거지.

 실제로는 염기에 의해 2′-OH인 프로톤이 뽑혀져 나가는 것이지만 말이야.

 그렇게 되면, 이 '바람둥이'가 원만한 가정을 이루고 있던 '이웃집 부인'을 공략해.

 실제로는 프로톤이 떨어져 나간 뒤의, 마이너스 전하를 띤 산소(O^-)가 이웃하는 3′위의 포스포디에스테르 결합(즉, 리보오스뉴클레오티드끼리 연결하는 중요한 결합)에 관계하고 있던 인(P)과 결합해 버리는 거야.

 그 결과, 포스포디에스테르 결합이 풀어지면서, RNA의 사슬이 끊어지는 것이지.

 왠지 가슴이 아프네요…

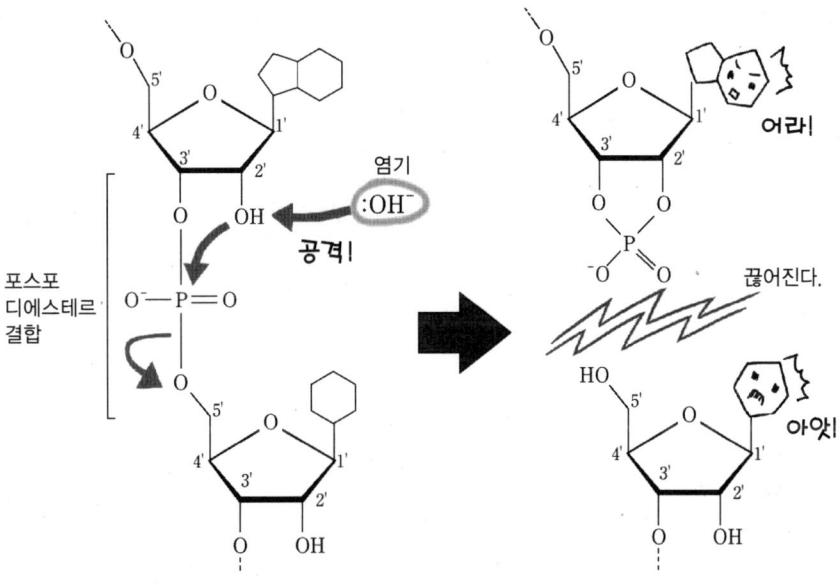

RNA는 이런 자기분해되기 쉬운 성질, 즉 '불안정하다'는 약점이 있기 때문에, 유전 정보를 담는 물질로서는 그다지 적절하지 않다고 여겨지고 있어. 반면에 DNA는 2′-OH가 존재하지 않으므로, RNA보다 훨씬 안정적이야.

그렇기 때문에, DNA 쪽이 그 역할에 적합하다는 것이겠지. 그 대신 RNA에게는 아주 중요한 역할이 주어졌어.

그에 관해서는, 이제부터 공부해 나가기로 하자!

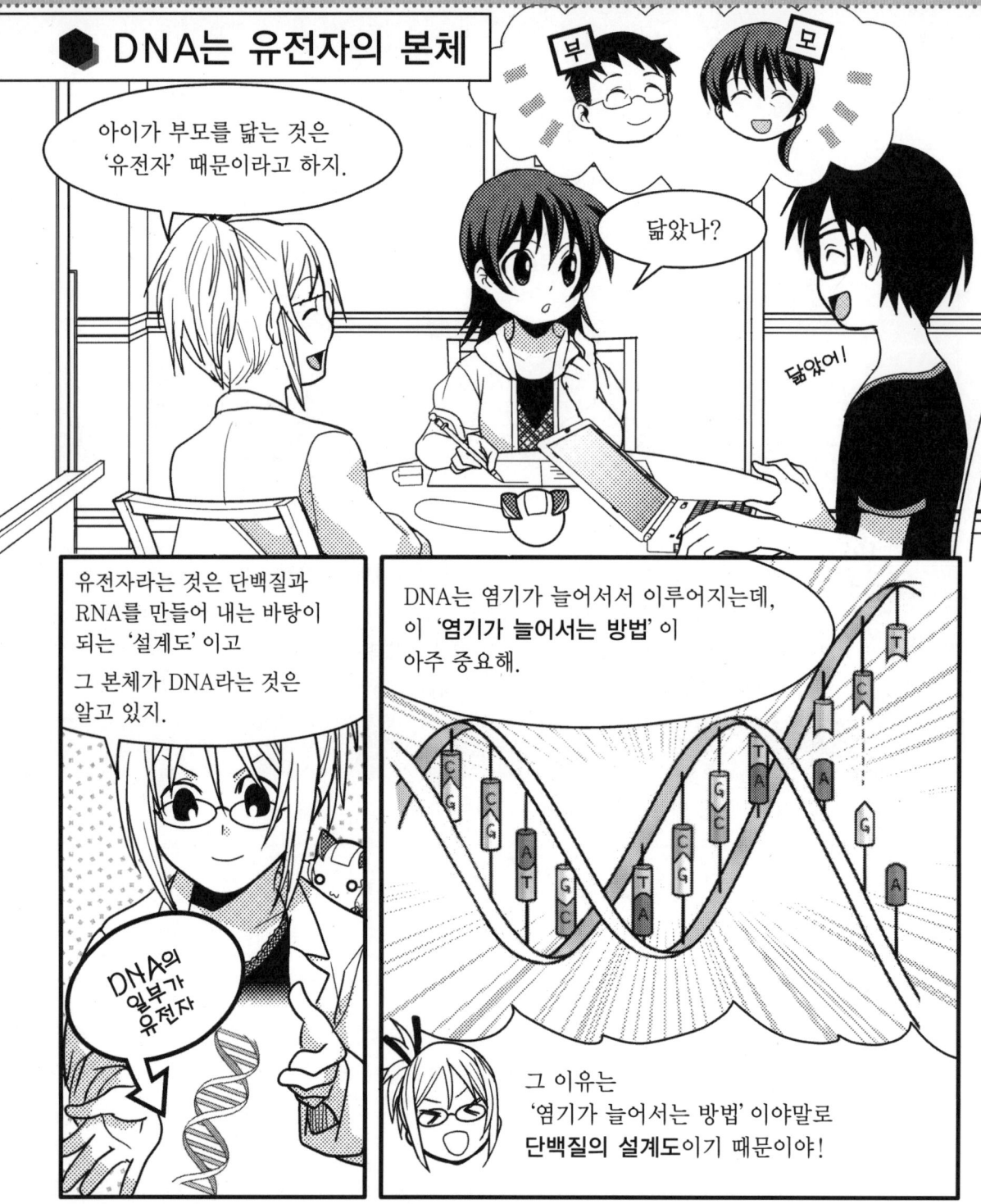

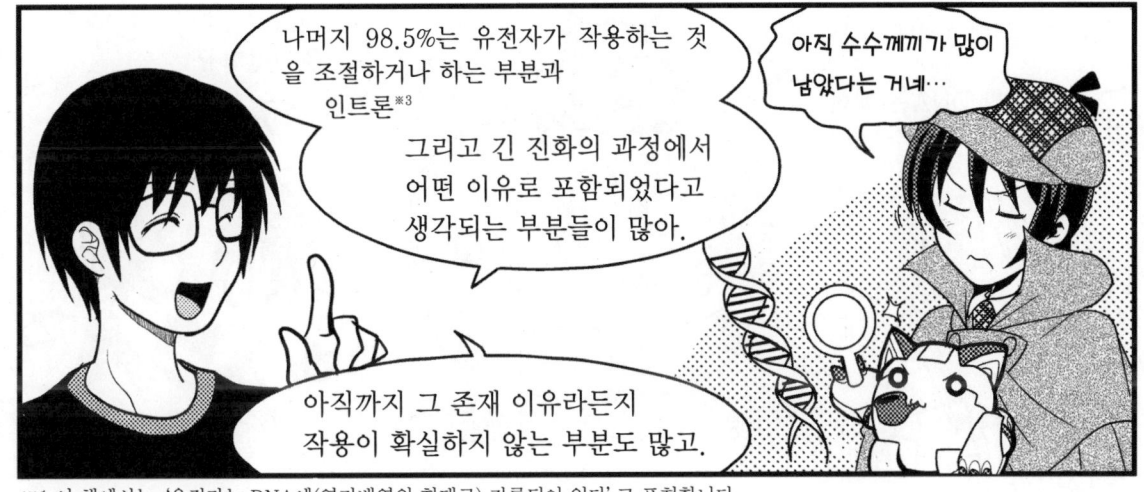

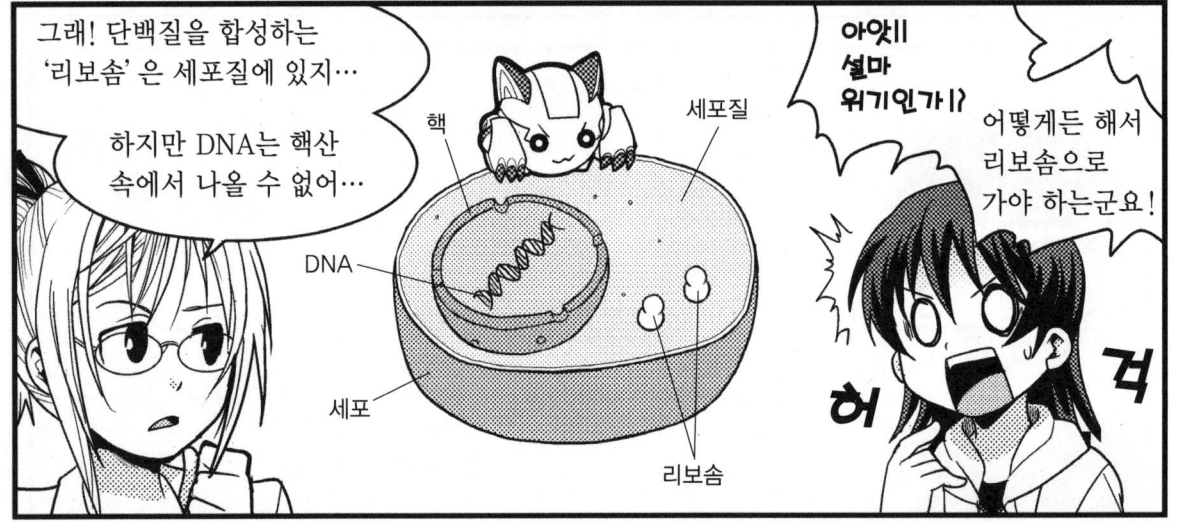

→ mRNA

우선 DNA에 기록된 유전자-요컨대, 그 염기서열은 'RNA 중합효소' 라는 효소의 작용에 의해 읽혀지고, 그대로 동일한 염기서열을 가진 RNA가 합성돼.
이 과정을 가리켜 '전사(轉寫)' 라고 하고, 합성된 RNA를 **'메신저 RNA(mRNA)'** 라고 불러. 이것도 'RNA의 합성'이라는 훌륭한 화학반응이지. 예를 들어, 여기에 다음과 같은 유전자가 있다고 해 보자.

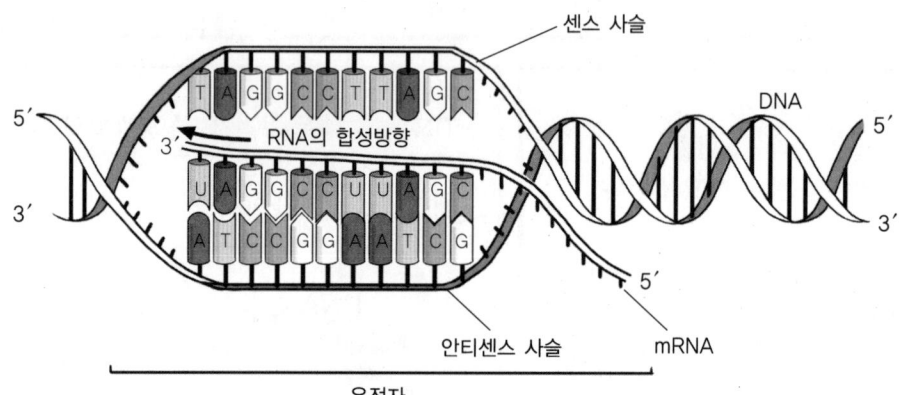

DNA는 이중으로 되어 있는데, 유전자로서의 의미를 가지는(즉, 그 염기서열이 설계도가 되어 있는) 것은 한쪽의 DNA 사슬뿐으로, 이것을 **'센스 사슬'** 이라고 해. 그리고 센스 사슬과 상보적인 다른 한쪽의 DNA 사슬은 **'안티센스 사슬'** 이라고 하지.

흠흠.

mRNA는 안티센스 사슬을 틀로 해서 합성되기 때문에, 가능한 RNA의 염기서열은 유전자로서의 의미가 있는 센스 사슬과 같아지는 거야.
원래 센스 사슬일 때 'T(티민)' 이었던 부분은, mRNA에서는 'U(우라실)' 이 되는 것이지.

 합성된 mRNA는 정식으로는 'mRNA 전구체'라고 하는데, 이것이 다양한 처리※ (이 처리도 다양한 화학반응!)를 거쳐 정식 'mRNA'가 되어, 핵에서 세포질로 운반되고 이윽고 리보솜에 도달하게 되지.

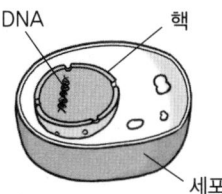
DNA 사슬이 풀린다.

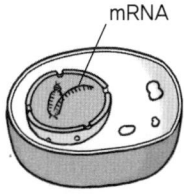
유전정보를 mRNA에 복사한다.

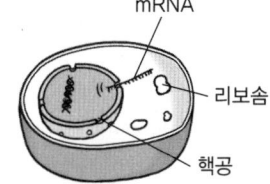
mRNA는 핵공에서 핵의 밖 - 세포질로 운반되고, 이윽고 리보솜에 도달한다!

 아주 중요한 정보를 운반해 가기 때문에, 메신저(전령)라고 하는 거야.
※ '인트론' 부분을 제거하는 '스플라이싱' 등 (p.241)

→ rRNA와 tRNA

 리보솜은 몇 종류의 **'리보솜 RNA(rRNA)'**라고 하는 RNA와 수십 종류나 되는 '리보솜단백질'로 생성된 거대한 우주 정거장이지.

 미토콘드리아와 엽록체만큼 크진 않아.

 작은 입자로 보이지만 실은 거대하구나.

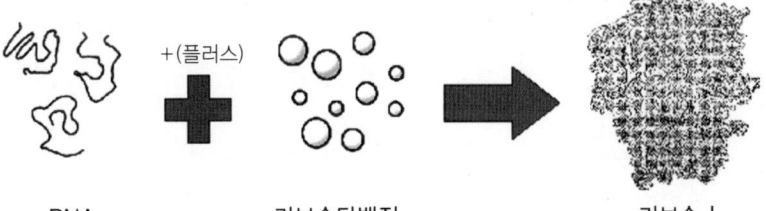

리보솜에서는 겨우 도달한 mRNA의 염기서열을 '**트랜스퍼 RNA(tRNA)**' 라고 하는 아미노산을 운반해 오는 RNA가 읽어들이지.

트랜스퍼라는 것은 아미노산을 전이한다는 의미야.

mRNA의 염기서열은 아미노산서열의 암호로 되어 있는 것이지. 실제로는 3개의 염기서열이 하나의 아미노산의 암호가 되어 있고, 이 3개의 염기서열을 가리켜 '코돈(codon)' 이라고 해.

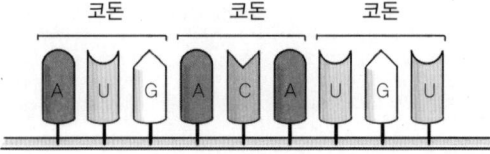

즉, 이 mRNA의 코돈과 잘 결합할 수 있는 염기서열 '안티코돈'을 가진 tRNA[*]만이, 리보솜의 정해진 위치로 붙을 수 있는 거야.

※ 그 안티코돈에 따라서, 운반할 아미노산의 종류도 정해져 있습니다.

그 tRNA가 운반해 온 아미노산을 길게 연결하는 것이 rRNA의 역할이지. 이렇게 mRNA의 염기서열(즉 코돈의 배열)에 따라 소정의 아미노산이 연결되어 가고, 원래의 DNA 염기서열(유전자, 즉 설계도)대로 단백질이 만들어지는 거야.

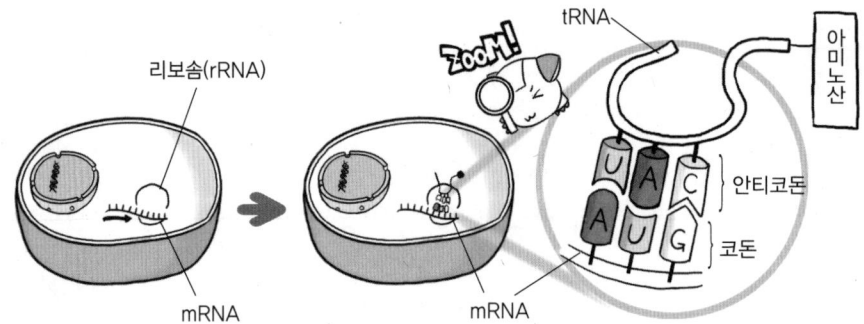

음. 요컨대 유전정보는 'DNA→mRNA→(tRNA→) 단백질' 로 전달되어 가는구나!

 덧붙여서, 이건 rRNA의 하나야.

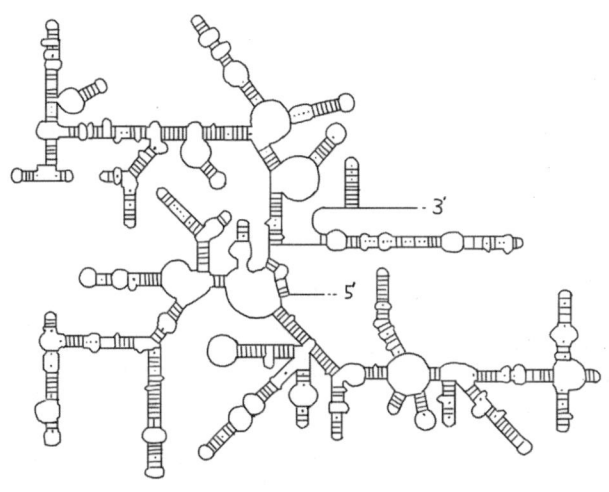

 ……?

 잘 보면 **한 가닥의 RNA가 복잡하게 접혀져 있는 것처럼 되어 있다는 걸 알 수 있을 거**라고 생각하는데.

 아, 정말이네!

 한 가닥 사슬의 RNA가 멋지고 정연하게 접혀져 어떤 일정한 '형'을 취해 가는 거야. 이것은 한 가닥의 RNA 분자 속에서 염기들끼리의 쌍이 형성되기 때문이지. 사다리의 단처럼 보이는 것이 그런 거야. 실은 이야말로 **DNA에는 없는 RNA의 특징이야. 염기서열의 차이에 따라, 다양한 형태를 만들어 갈 수 있는 것이지.**

 재밌어요! 한 줄로 그리는 그림 같아요.

리보자임

 RNA는 핵 속에 단정히 앉아 있는 DNA와는 달리, 핵에도 세포질에도 존재하고, 또한 염기서열을 바꾸는 것만으로 여러 가지 모양을 취할 수 있어.

 아주 '가벼운' 분자라는 거군요.

 그렇지. 그렇기 때문에, RNA는 mRNA로 대표되는 '유전자의 복사'라는 역할 이상으로 중요한 작용을 하고 있을 거라고 RNA 연구자들은 예전부터 생각해 왔지.

1980년대 초에 미국의 생화학자 토머스 체크와, 마찬가지로 미국의 분자생물학자 시드니 알트먼에 의해 독립적으로 발견된 **리보자임**(ribozyme)은 그 후 RNA 연구의 발전을 예언한 것이라고 할 수 있어.
단백질의 가장 중요한 작용은 '효소'로서의 작용이라는 걸 배웠었지(p.167을 참조)? 실은 체크와 알트먼은 RNA도 효소로서 작용하는 능력이 있다는 사실을 발견했던 거야.

 헤에!

 그래서 RNA(리보오스 핵산)와 효소(엔자임)를 붙여서, **리보자임**이라고 명명했지.

 현재까지 발견된 혹은 인공적으로 만들어진 리보자임에는 RNA와 DNA를 절단하거나 붙이는 것들이 많이 있어.
체크가 발견했던 것은 **자기 스플라이싱**(splicing)이라고 하는데, 자기 자신의 일부에서 단백질의 설계도로서 의미 없는 부분(인트론)을 잘라내고, 단백질의 설계도로서 의미 있는 엑손을 연결하는 화학반응을 촉매하는 것이었지.※

※ 진핵생물의 유전자는 '인트론'이라고 하는 염기서열에 의해 몇 개의 '엑손'으로 나누어져 있습니다.
그러므로 mRNA의 단계에서 '인트론'을 제거할 필요가 있는데, 그 반응을 스플라이싱이라고 합니다.

 스플라이싱에는 2′-OH와 3′-OH 등, 역시 RNA의 수산기(-OH)가 많이 관련되어 있다는 것이 알려져 있어.

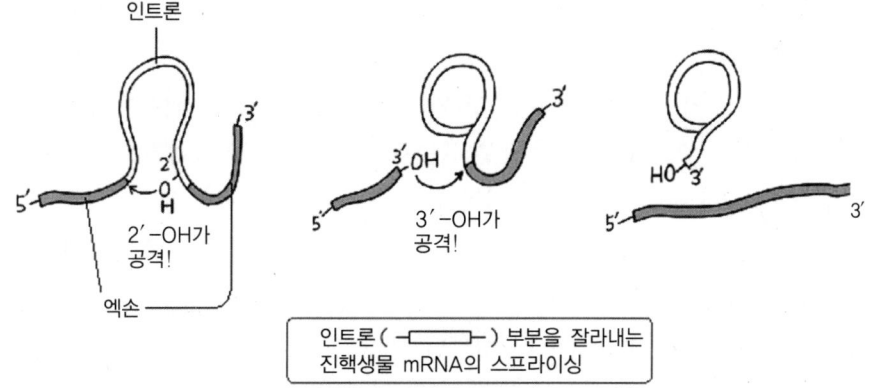

 와! 고리가 하나 만들어졌다!

 리보자임의 발견을 계기로, RNA가 실은 여러 가지 일을 하는 멀티 분자는 아닐까 하는 생각이 확대되어, RNA의 연구가 크게 진척됐지.
21세기가 되자, RNA에는 그 밖에도 다양한 역할이 있다는 점, 그리고 여러 형태의 RNA가 세포 속에 많이 존재한다는 점이 밝혀졌어.
RNA 연구는 정말 한창이야. 앞으로의 연구들이 기대가 돼.

3. 생화학과 분자생물학

모든 것은 '촌스러운 일'에서 시작된다

요즘 들어, 도시에서는 자연을 접할 기회가 크게 줄어들고 있습니다. 특히, 최근의 젊은 엄마들 중에는 아이들이 조금만 흙투성이가 돼도 혐오감을 느끼고 야단을 치는 사람도 있는 것 같습니다.

하지만 애초부터 인간도 생물의 하나인 이상 옛날에는 자연에 둘러싸여 살았을 것입니다. 생화학이 생명현상을 '화학'의 입장에서 연구하고자 하는 학문이긴 하지만, 그 연구 재료는 역시 자연의 산물인 '생물' 그 자체입니다.

예전에 대학원생이었을 때, 식물에 많이 함유되어 있는 단백질을 연구하기 위해서 재료가 되는 식물을 산으로 채집하러 간 적이 있습니다.

후배와 둘이서 지도교수의 차를 타고 가까이에 있는 산으로, 많은 식물이 무성하게 자라는 산길을 지나 차가 지나갈 수 없는 곳부터는 두 다리로 걸어서 그야말로 울창한 나무와 풀을 헤치면서 목표인 '미국자리공'이라는 식물을 채집했습니다.

그리고 채집한 미국자리공을 연구실로 가지고 돌아와 흙을 씻어내고 칼과 가위로 잘라서 원하던 단백질을 '추출'했던 것입니다.

또는 어떤 때에는 가까운 식육처리장에 가서 갓 잡은 소의 '흉선'이라는 장기(이것은 팔지 않고, 버리기만 하는 것이라 공짜로 줌)를 얻어 와서, 연구실에서 잘게 가위로 잘라 실험용 샘플로 냉동실에 보관하는 작업을 정기적으로 해 왔습니다. 이것도 그 '흉선'으로부터 연구목적의 단백질(DNA 중합효소)을 추출하기 위해 필요한 것이었습니다.

이와 같이 원래 생화학은 생물재료로부터 화학물질을 뽑아내서(추출이나 분리, 정제 등의 용어를 사용합니다), 그 화학적 성질 등을 조사한다는 방법론을 모체로 하여 발전해 온 학문입니다. 이에 대해 분자생물학은 주로 생물의 설계도인 'DNA'와 그 설계도가 만들어 낸 '단백질' 등 소위 '생체고분자'를 중심으로 생명현상을 해명하려는 학문입니다.

쉽게 말해 분자생물학자에게 있어서 DNA와 RNA만 다룰 수 있다면, 혹은 단백질을 인공적(대장균 등을 사용해)으로 만드는 환경만 갖추어져 있다면, 소의 장기라든지 식물재료 같은 살아 있는 생물재료를 사용할 필요는 없는 것입니다.

그렇기 때문에 분자생물학의 연구 방법론도 실은 스마트합니다. 얻어지는 데이터는 DNA와 단백질의, 말하자면 디지털 데이터입니다. 분자생물학에는 바이오테크놀로지라는 수식어가 따라 붙는, 뭔가 최첨단 기술을 사용한 세련된 학문 같은 이미지가 있습니다. 산에서 흙투성이가 되거나 동물의 피를 묻힐 일이 없을 것 같은…

이 때문에, 생화학자 중에는 자신들의 연구를 '촌스러운 일'이라는 말로 표현하는 사람이 있습니다. 내가 아는 생화학자도 그랬습니다. 즉, 무의식적으로 자신을 비하하고 있는 것입니다.

하지만, 원래부터 그런 촌스러운 작업들이 겹겹이 쌓이면서 분자생물학의 기초를 구축해왔다는 것은 엄연한 사실입니다. 젊은 분자생물학자 중에는 대장균과 배양세포, 실험동물 이외에 살아있는 생물재료는 일체 사용한 적이 없는 사람이 많은 것 같은데, 생화학과 분자생물학은 옛날부터 그리고 오늘날에도 완전히 하나로 이어져 있습니다. 결코 그 점을 잊지 않았으면 좋겠습니다.

시험관 내에서도 관찰할 수 있는 생명현상

1897년, 독일의 생화학자 부흐너(Edward Buchner)가 효모의 세포 추출액만으로 '발효'가 일어난다는 획기적인 발견을 했습니다.

그때까지는 발효라는 생물특유의 화학반응은 살아있는 세포가 아니면 있을 리 없다고 여겨지고 있었습니다. 그런데 그것이, 부흐너의 발견에 의해 멋지게 부서져 버린 것입니다.

이것으로 생명현상은 생물이 가진 특유의 힘(생기나 생명력 같은)에 의해서만 일어난다는 생기론은 거의 자취를 감추었고, 생물이 가진 화학반응을 시험관 속에서 연구하는 학문, 생화학이 발전하는 초석이 만들어졌습니다.

부흐너가 발견했던 것은 결국 '살아있는 생물체가 없어도 괜찮다'라는 것이었으므로, 미래에 「분자생물학」이 도래할 것을 예견한 사건이라고도 할 수 있겠지요.

DNA와 단백질이 밝혀짐에 따라서, 모든 생물에게 공통적인 메커니즘이 생물의 근저에 존재한다는 것을 깨닫기 시작했습니다. 예를 들어 모든 생물이 DNA를 유전자의 본체로서 가지고 있다는 것, 그 유전자를 읽고 단백질을 만드는 기본원리(유전정보의 중심 원리)가 모든 생물에게 공통이라는 점, 모든 생물에서 동일한 단백질이 동일한 작용을 하는 경우가 많다는 점 등을 들 수 있습니다.

그렇게 되자 이런 생물 공통의 메커니즘을 연구하기 위해서 중요한 것은 그 설계도인 DNA를 어떻게 다루는가, 그리고 거기서부터 어떻게 단백질의 작용을 규명해 가는가 하는 방법론의 발전이 되었습니다.

재조합 DNA 기술의 발전

　1972년에 미국의 분자생물학자인 폴 버그가 세계 최초로 성공한 것을 시초로, 시험관 속에서 인공적으로 DNA를 조작하여 자연계에 존재하지 않는 DNA를 만들어내는 재조합 DNA 실험이 전 세계적으로 이루어지게 되었습니다.

　1977년에는 영국의 생화학자 프레드릭 생거에 의해 DNA의 염기서열을 간단히 읽어 낼 수 있는 방법이 개발되고, 1985년에는 미국의 분자생물학자 캐리 멀리스에 의해 DNA를 증폭하여 취급을 간편화하는 방법이 개발되는 등 재조합 DNA 실험기술은 비약적으로 진보했습니다.

　재조합 DNA 기술이 발전한 것은 DNA가 유전자의 본체라는 점, 즉 유전자라는 것은 DNA에 염기서열의 형태로 기록되어 있다는 것이 밝혀지고 나서부터입니다. 그리고 DNA의 염기서열만 있으면, 그리고 거기서 단백질을 만들어 낼 수 있는 환경만 만들어 주면, 그 단백질이 관계된 화학반응의 총체인 생명현상을 해명할 수 있다고 생각할 수 있게 되었기 때문입니다.

　예를 들면, 이젠 '촌스러운' 일을 하지 않더라도 대장균과 같이 그 메커니즘이 잘 알려지고 다루기 쉬운 단순한 생물에 유전자를 외부로부터 끌어들여 단백질을 만들도록 하면, 단숨에 대량의 단백질을 손에 넣을 수가 있는 것입니다.

　어쨌든 DNA의 염기서열의 해독! 유전자의 해독!

　그 목표를 향해서 분자생물학이 발전해 왔다고 해도 좋겠지요. 그리고 이 재조합 DNA 기술이야말로 그것을 위한 최적의 방법론이었던 것입니다.

생화학으로의 회귀

　그런데, 인간 게놈 프로젝트(인간의 유전자 정보의 모든 것(게놈)을 밝히기 위한 국제공동 프로젝트. 2003년에 완료)가 일단락된 후, 연구자들의 눈은 다시 DNA에서 단백질로, 그리고 RNA로 돌려지게 되었습니다.

　'포스트 게놈 시대', '포스트 시퀀스 시대'가 도래한 것입니다.

　DNA가 얼마나 각광을 받든 그 취급기술이 얼마나 발전하든, 누가 뭐라고 하든 생명현상을 '화학반응'의 집합으로 봤을 때, 실제로 작용하고 있는 것은 다름 아닌 단백질과 RNA입니다.

　인간 DNA의 모든 염기서열(즉, 게놈)을 알았다고 해도 그곳에서 만들어지는 단백질과 RNA의 작용을 이해하지 못하면 아무런 의미가 없기 때문입니다.

현재에는 많은 단백질의 아미노산 정보와 그 작용도 알게 되어, 아미노산 정보만으로 미지의 단백질의 작용을 어느 정도 추측할 수도 있게 되었습니다.

하지만, 역시 마지막은 생화학적 방법을 사용하여 실제로 그 단백질의 작용을 확인해 보지 않으면 안 됩니다. 아무리 분자생물학적 방법(재조합 DNA 기술 등)을 사용하여 단백질의 작용을 연구하고 그것을 해명한다 해도 천연 자연의 세포 속에서 그 단백질이 정말 그 작용을 할지 어떨지 어느 정도 의문은 남습니다. 말하자면 '나무는 보되 숲을 보지 못하는 것'과 같은 것입니다. 연구대상이 생체물질인 한, 생화학은 어디까지나 필요하고 또한 가장 중요한 학문임에 틀림없습니다.

세포의 기원에 대한 수수께끼 ~대사가 먼저인가 복제가 먼저인가~

생명의 기원-이라고 하는 말을 종종 듣습니다. 생명이란 무엇인가-하는 거대한 테마에 대해서는 여기서 생각하지 않기로 하고, 중요한 것은 생명 즉 생물의 기원이라는 것은 바꿔 말하면 '세포의 기원'이라고 할 수 있습니다.

과연 세포는 어떻게 이 지구상에 탄생한 것일까요?

지금까지 생화학의 여러 주제들을 학습해 오신 여러분들은 세포가 복잡한 화학반응의 장이라는 것을 이제 이해하고 계실 것입니다. 그 화학반응들은 단백질을 만들거나 당분을 분해하여 에너지를 만들고, 알코올을 해독하고, 광합성을 하거나 당분을 만드는 등 저마다 각각 그 세포에게 없어서는 안 되는 화학반응이었습니다.

이러한 세포의 활동을 위해서 이루어지는, 어떤 물질이 다른 물질로 변환하는 화학반응 또는 그러한 많은 화학반응의 네트워크를 총칭하여 '대사(metabolism)'라고 부릅니다(p.52를 참조). 즉, 세포란 화학반응의 장임과 동시에 항상 대사를 통해 '생계를 유지하는' 하나의 통합된 사회이기도 하다고 할 수 있습니다.

그런데 생물의 큰 특징 중 하나로 '자손을 만든다(증식한다)'는 특징이 있습니다. 이것은 어려운 말로 '자기복제한다'라고 바꿔 말할 수 있습니다. 우리들은 다세포생물이기 때문에 자손을 만드는 과정은 조금 복잡하지만, 가장 단순한 생물인 단세포생물은 어떨까요? 분열해서 늘어나겠지요? 다세포생물 역시 생식세포가 결합하여 수정란을 만들고 세포를 분열시켜, 즉 '자기복제'를 통해 만들어집니다.

결국, 세포가 자손을 만드는 방법이 '자기복제'라고 할 수 있지만, 어딘지 모르게 표현이 어려워 보이니 '자기'를 떼어 버리고 그냥 '복제(replication)'라고만 부르기로 하지요.

현재의 세포는 이 '대사'와 '복제'를 모두 하고 있는데, 실은 이 2개의 키워드야말로 생명의 기원을 생각해 보는 데 있어서 특히 중요한 단어입니다.

'대사가 먼저인가? 그렇지 않으면 복제가 먼저인가?'

이것이야말로 생명의 기원에 대해 연구하고 있는 과학자들을 고민하게 만드는 난제 가운데 하나입니다. 즉 세포라는 '막으로 둘러싸인 주머니'가 생겨났을 때, 그 둘러싸인 안에서는 도대체 무슨 일이 일어났는가? 어떤 학자는 많은 복잡 다양한 분자가 모여서 대사를 수행하고 있던 '주머니'가 어느 때인가 복제할 수 있는 분자를 손에 넣어, 분열해서 증식하게 되었다고 생각하고 있습니다. 이것은 결국 '대사가 먼저'라는 사고방식입니다.

또 어떤 학자는 복제하는 분자를 둘러싸고 분열하고 있던 '주머니'가 어느 때부터인가 대사를 수행할 수 있게 되었고, 더욱 고도의 복잡한 방법을 손에 넣게 되면서 세포로 진화했다고 생각하고 있습니다. 이것은 즉 '복제가 먼저'라는 사고방식입니다.

원래 '어느 쪽이 먼저인가?'라는 질문을 설정한다는 것은 난센스이고, '대사'와 '복제'는 서로 협조하며 함께 진화해 왔다고 생각하는 학자도 많이 있습니다.

어느 쪽이든 대사라는 생화학적 과정은 생명의 기원이라는 거대한 문제와도 연관되는 아주 스케일이 큰 현상입니다.

4. 생화학 실험법

단백질의 작용은 생리학적 방법을 이용함으로써, 비로소 확인할 수 있다고 p.245에서도 언급했습니다. 그렇다면 생화학자들은 매일 어떻게 어떤 실험을 하고 있는 것일까요?

연구 분야에 따라 다양한 실험방법이 존재하고 그것을 일일이 거론하다가는 끝이 없기 때문에 여기서는 저자가 하고 있는 혹은 해 본적이 있는 실험법을 몇 가지 소개해 두겠습니다.

(1) 칼럼 크로마토그래피

칼럼 크로마토그래피(column chromatography)는 다양한 물질이 혼입된 상태에서 동일한 성질을 가진 물질만을 분리하기 위한 실험법입니다. 예를 들어 아까 소개했던 미국자리공의 추출액이라든지, 소의 흉선을 믹서에 간 후 체액 등에서 어떤 성질을 가진 단백질만을 뽑아낼 수가 있는 것입니다. 유리관 등의 가늘고 긴 관에 각각 목적에 맞는 특수한 '수지(樹脂)'가 채워져 있어 그 수지에 붙어 있는 물질만을 나중에 추출하거나, 붙지 않은 물질만을 채취할 수 있습니다.

수지의 종류와 목적으로 하는 단백질에 따라서 이온교환 크로마토그래피, 겔 여과 크로마토그래피, 친화성 크로마토그래피 등 다양한 종류가 있습니다. 여기서는 송아지의 흉선으로부터 'DNA 중합효소 α'라는 효소를 정제하는 방법을 간단히 소개하겠습니다.

다음 그림 ①과 같이 송아지의 흉선을 믹서 등으로 갈아, 높은 염 농도(염화나트륨)의 용액 등을 사용하여 세포를 파괴하고 단백질 등의 분자를 추출합니다. 이 추출액(프라스코 내의 용액)을 칼럼이라고 하는 큰 유리관에 '이온교환수지'를 채운 것에 통과시킵니다. 단백질은 이 이온교환수지에 흡착하는 것과 빠져나가는 것으로 크게 나뉘어집니다. 이온교환수지를 빠져나온 물질은 튜브를 지나 시험관으로 추출되지만, 이온교환수지에 흡착된 물질은 염 농도를 더욱 높게 한 용액을 통과시켜 수지로부터 분리해 시험관으로 뽑아냅니다. DNA 중합효소 α의 경우, 0.5mol이라는 높은 농도의 염 용액을 흘려보내 추출할 수 있습니다(이것을 '시료1'이라고 합니다).

① 이온교환 크로마토그래피

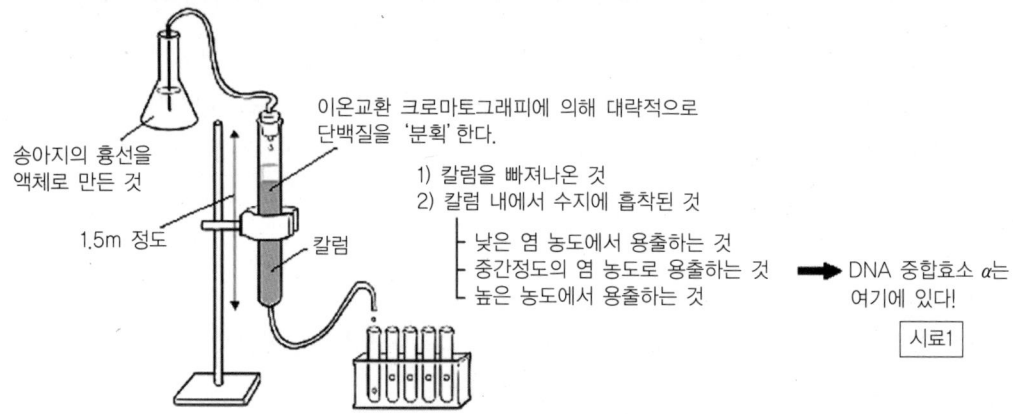

다음으로, 이 '시료1'에서 DNA 중합효소 α를 정제하는 방법을 그림②에 나타냈습니다.

② 친화성 크로마토그래피

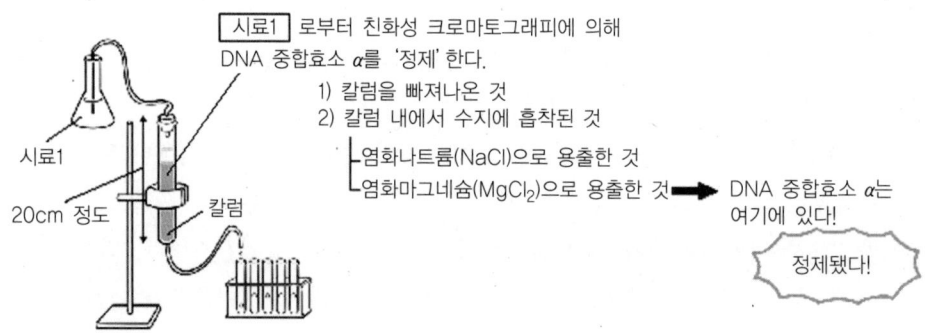

이것은 친화성 크로마토그래피라 하는 것으로, 약간 작은 유리관에 DNA 중합효소 α하고만 결합할 수 있는 '항체(면역에서 만들어지는 단백질의 일종)'를 결합시킨 수지를 채운 것을 이용합니다. 시료1을 그대로 이 수지에 통과시키면, 역시 흡착되는 것과 그냥 빠져 나오는 것으로 크게 나눌 수 있습니다. DNA 중합효소 α는 흡착하는 것에 포함되며, 3.2mol이라는 극히 높은 농도의 염화마그네슘을 함유한 용액을 흘려보냄으로써 비로소 수지로부터 추출할 수가 있습니다. 여기서 추출되는 것은 거의 100% DNA 중합효소 α뿐이기 때문에 이 시점에서 DNA 중합효소 α가 '정제' 된 것이 됩니다.

이와 같이 이온교환 크로마토그래피, 친화성 크로마토그래피를 합해서 사용함으로써 효율적으로 DNA 중합효소 α를 정제할 수 있습니다.

(2) 전기영동 및 웨스턴 블로팅

특정 단백질만을 분리하거나, 그 시료 속에 어떤 종류의 단백질이 있는지를 확인하거나, 실험 목적인 단백질의 크기를 조사하기 위해서 수행하는 실험방법입니다. **전기영동**은 한천상의 얇은 평판(겔) 위에 시료를 얹고 전류를 흐르게 함으로써 단백질을 한천의 가운데로 이동시키는 방법으로 분자의 크기별로 분리하는 'SDS 폴리아크릴아미드 겔 전기영동'이 가장 흔히 이용됩니다. 분리한 후, 특수한 시약으로 반응시켜 단백질을 검출하는 것입니다.

분리한 후에 겔 속에 있던 단백질을 그 위치 그대로 얇은 막 위로 전사하는 방법을 **웨스턴 블로팅**(western blotting)이라고 하며(오른쪽 그림), 그 막 위에서 특정 단백질에만 반응하는 '항체' 등을 반응시켜 검출하게 됩니다. 이 뒤에 기술할 '렉틴 블로팅'은 웨스턴 블로팅을 응용한 것입니다.

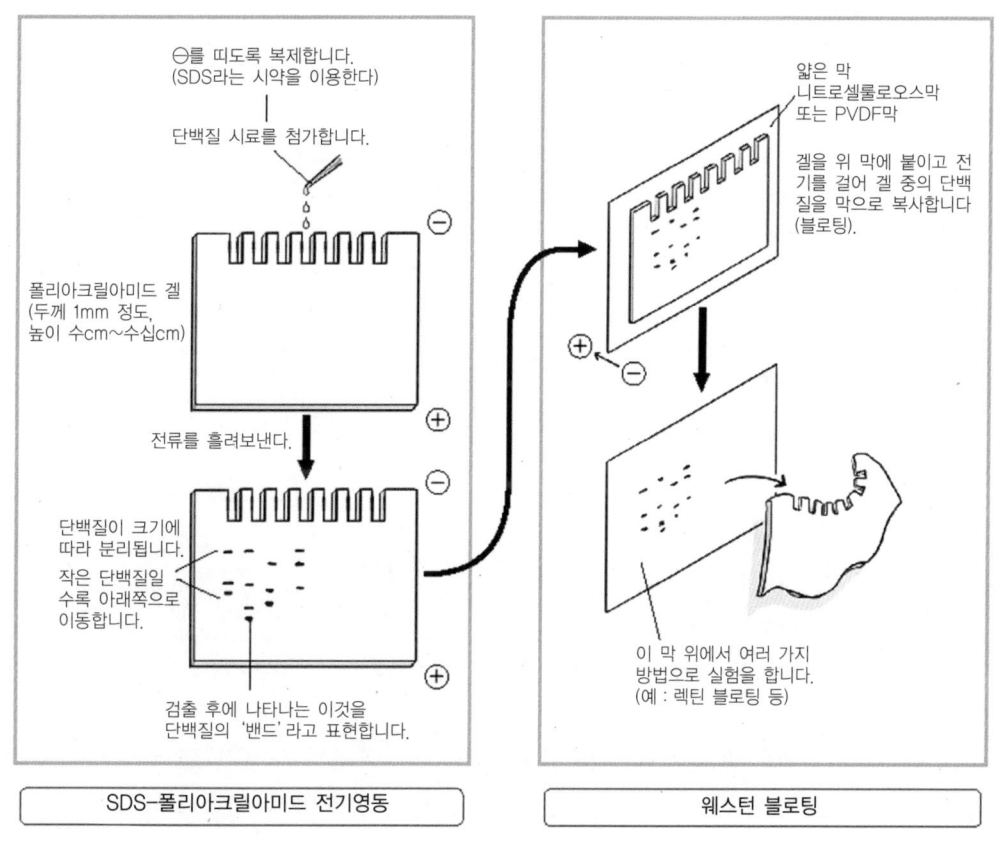

(3) 렉틴 블로팅

렉틴이란 어떤 당 사슬에 특이한 결합을 할 수 있는 단백질의 총칭입니다. 당 사슬의 종류에 따라 결합하는 렉틴이 다르다는 성질을 이용하여, 단백질에 결합되어 있는 당 사슬의 종류를 동정(同定)하기 위해서 이용됩니다. 웨스턴 블로팅과 같은 방법으로 단백질을 막 위에 전사한 뒤, 다양한 렉틴을 반응시키고 반응한 렉틴만을 검출함으로써 막 위에 전사한 단백질에 존재하는 당 사슬의 종류를 동정할 수 있습니다. 이것을 **렉틴 블로팅**(lectin blotting)이라고 합니다. 아래 그림은 'N-아세틸글루코사민(GlcNAc)'이라는 당이 붙어 있는 당 사슬을 인식하는 렉틴(WGA : Wheat Germ Agglutinin이라고 한다.)의 경우를 나타낸 것입니다.

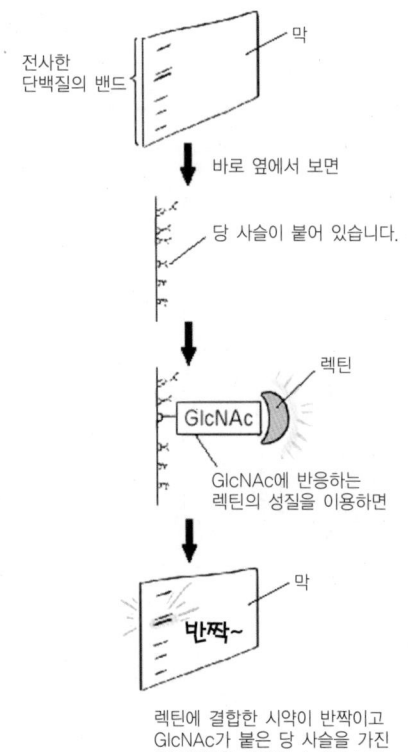

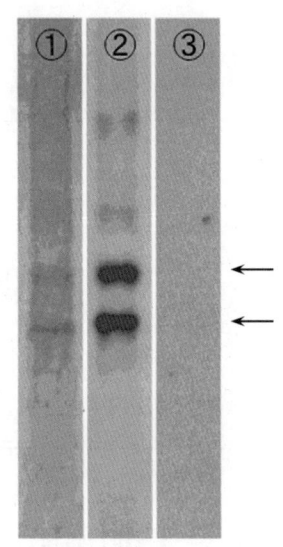

① CBB 염색이라고 해서 단백질 모두를 염색한 것
② WGA에 의해 GlcNAc가 붙은 당 사슬을 가진 단백질만 염색한 것(화살표)
③ 다른 렉틴인 콘카나발린A로 염색한 것
 (사진제공 : 나가하마(長浜) 바이오대학 대학원 오가와 미츠타카(小川光貴))

(寫眞提供 : 長浜バイオ大學大學院 小川光貴)

오른쪽 그림은 실제로 별불가사리 난모세포의 조단백질 획분에 대해 WGA에 의한 렉틴 블로팅을 한 것으로, 2가닥의 큰 밴드가 멋지게 반짝이고 있는 것을 알 수 있습니다.

(4) 원심분리

원심분리는 칼럼 크로마토그래피와 마찬가지로 다양한 물질이 혼합된 상태에서 동일한 성질 혹은 동일한 종류의 세포 소기관, 단백질 등을 분리하기 위한 실험법입니다. 용액을 시험관 등에 넣고 고속으로 회전시켜서 시료를 분리하는 것입니다. 단백질 같은 작은 분자를 다루는 경우는 1분간 수만 번 이상 회전시키는 '초원심분리'를 하는 경우도 있습니다. DNA 등도 분리시킬 수가 있습니다.

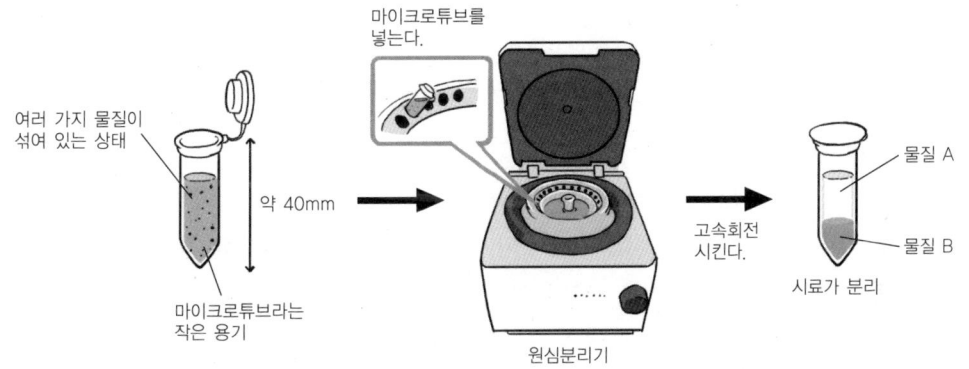

(5) 효소반응의 측정

효소에 따라서 다양한 활성측정방법이 있습니다. 방사성동위원소(radioactive isotope) 등을 이용해 그것이 생성물로서 흡수된 양을 측정하는 방법이나, 기질이 효소에 의해 바뀌는 경우에 변색하는 성질을 이용해서 측정하는 방법 등 다양한 방법들이 있습니다.

그 중에서 DNA 중합효소의 효소활성을 방사성동위원소를 이용해 측정하는 방법과 α-아밀라아제의 효소활성을 발색반응에 의해 측정하는 방법을 설명하겠습니다.

① DNA 중합효소의 활성측정법

우선 마이크로튜브 속에 활성측정용 용액(pH 등이 조정되어 있는), DNA 중합효소, 주형이 될 DNA, 재료가 되는 뉴클레오티드, 염화마그네슘을 넣고, 또 다시 방사성동위원소를 포함한 뉴클레오티드를 첨가해 37℃에서 일정시간 반응시킵니다.

그러면 이 사이에 방사성동위원소를 포함한 뉴클레오티드가 DNA 중합효소에 의해 계속 합성되고 있는 DNA에 흡수되어 갑니다. 미반응 뉴클레오티드를 제거하고 합성된 DNA만을 방사성동위원소 측정용 작은 병 속에 넣어(실제로는 DNA를 여과지에 물들인 것을 넣습니다), 방사성동위원소를 측정하는 '액체 신틸레이션 카운터'라고 하는 기기로 측정합니다. 효소활성이 높을수록 더욱 많은 방사성동위원소가 DNA로 흡수되기 때문에, 수치가 높게 나오게 됩니다.

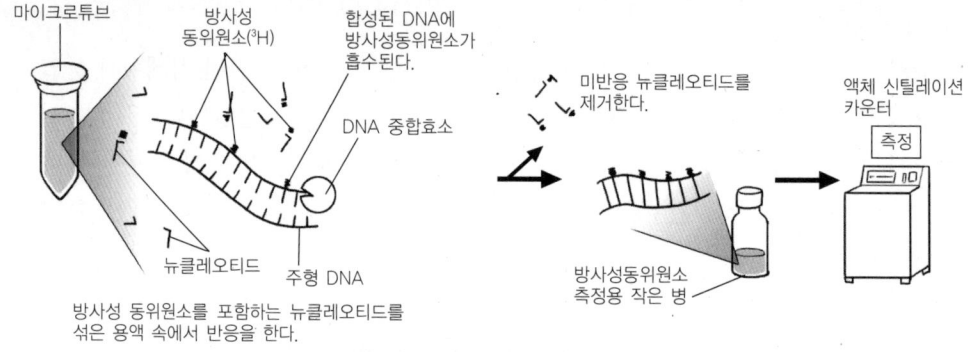

DNA 중합효소 활성측정법

② α-아밀라아제의 활성측정법

시험관 속에 전분을 용해한 용액과 α-아밀라아제 용액(침 등)을 첨가합니다. 여기에 바로 요오드 용액을 더하면, 이때는 전분이 거의 분해되지 않은 채 남아있으므로, 전분과 요오드가 반응해 청남색으로 발색합니다. 그런데, 전분용액과 α-아밀라아제용액을 넣고 잠시 지나면, 전분이 α-아밀라아제에 의해 분해되기 시작합니다. 전분이 분해됨에 따라, 요오드용액을 넣었을 때의 색은 청남색 → 보라색 → 적색 → 오렌지색 → 옅은 오렌지색과 같은 식으로 점점 옅어지게 되며, 전분이 모두 분해되면 무색이 됩니다. 이 색의 모습을 분광광도계 등을 사용하여 수치화함으로써 α-아밀라아제의 효소활성을 측정할 수 있습니다.

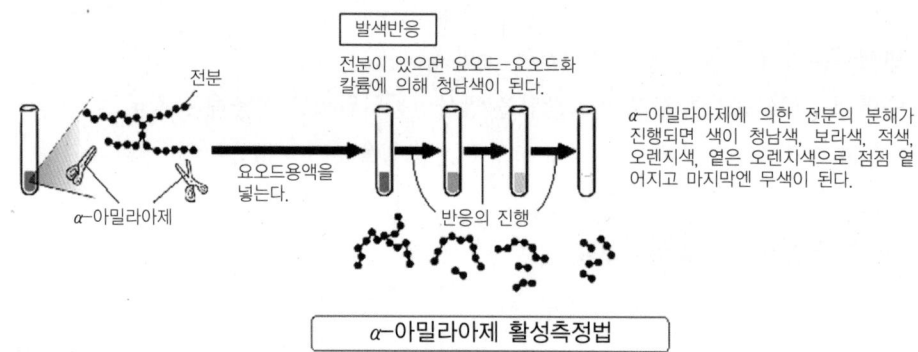

α-아밀라아제 활성측정법

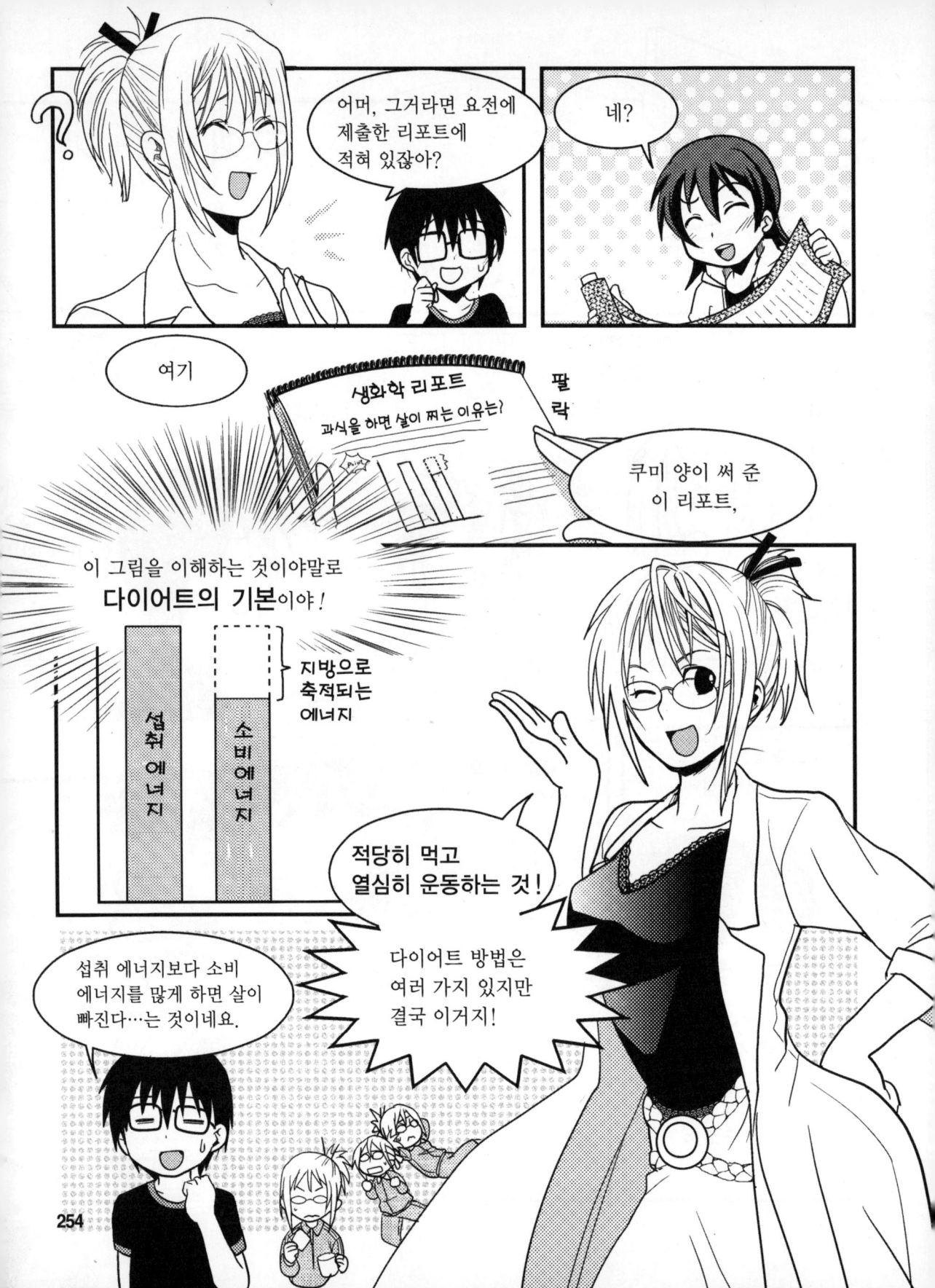

<참고 문헌>

이 책을 집필하기 위해서 많은 일본어 문헌과 영어 문헌을 참고했지만, 여기서는 서점에서 쉽게 구할 수 있는 주요 일본어 문헌만 소개해 두겠습니다.

- 猪飼篤『基礎の生化学・第2版』（東京化学同人）2004
- 池田和正『トコトンわかる図解基礎生化学』（オーム社）2006
- 伊藤三郎編『果実の科学』（朝倉書店）1991
- 今堀和友他監修『生化学辞典・第4版』（東京化学同人）2007
- ヴォート『生化学・第3版』田宮信雄他訳、（東京化学同人）2005
- ケイン他『生物学』石川統監訳、（東京化学同人）2004
- コーン、スタンプ他『生化学・第5版』田宮信雄他訳、（東京化学同人）1988
- コーンバーグ『それは失敗から始まった』新井賢一監訳、（羊土社）1991
- 鈴木紘一編『生化学・第2版』（東京化学同人）2007
- 武村政春『人間のための一般生物学』（裳華房）2007
- 武村政春他『マンガでわかる分子生物学』（オーム社）2008
- 田中正三『生物化学の基礎』（大日本図書）1974
- 東京大学公開講座『コメ』（東京大学出版会）1995
- 遠山益『生命科学史』（裳華房）2006
- 並木満夫他編『現代の食品化学』（三共出版）1985
- 藤野安彦編『食品・栄養のための生化学』（産業図書）1996
- 八杉龍一他編『岩波生物学辞典・第4版』（岩波書店）1996
- 柳田晃良他編『現代の栄養化学』（三共出版）2006
- 柳田充弘『DNA学のすすめ』（講談社ブルーバックス）1984
- レーヴン、ジョンソン他『生物学・原書第7版』R/J Biology 翻訳委員会監訳（培風館）2006
- ロディッシュ他『分子細胞生物学・第5版』石浦章一他訳、（東京化学同人）2005

찾아보기

●●<알파벳·그리스 문자>●●

ABO식 혈액형	140
ADP	70, 97
ATP	36, 68, 70, 96
ATP 합성효소	66, 69, 91
CoA	100
DNA	31, 33, 216, 217
DNA 중합효소	226
D형	99
FAD	89
FADH$_2$	87
Fuc	141, 184
Gal	141, 184
GalNAc	141, 184
GlcNAc	141, 184
HDL	115, 116
LDL	115, 116
L형	99
mRNA	235, 236
N-아세틸갈락토사민	141
N-아세틸글루코사민	141
NAD	89
NADH$_2$	87
NADP	68
NADPH$_2$	68
RNA	217, 228, 234
rRNA	235, 237
TCA 회로	80
VLDL	115
α(1→4) 글리코시드 결합	152, 187
α(1→6) 글리코시드 결합	152
α-아밀라아제	158, 176, 177, 187
α-헬릭스	173, 174
α형	157
β(1→4) 글리코시트 결합	156, 157
β-시트	173
β산화	133, 134
β형	157

●●<ㄱ>●●

가수분해(加水分解)	187
가수분해효소(加水分解酵素)	181, 186
갈락토오스	76, 141
경쟁적 저해(競爭的沮害)	207
곁사슬(側鎖)	171
골지체(Golgi body)	31
과당(果糖 : 프룩토오스)	75
광인산화반응(光燐酸化反應)	65, 70
광합성(光合成)	38, 46, 62
광계(光系) Ⅰ	66, 69
광계(光系) Ⅱ	66, 69
구아닌(guanine)	218
그라나(grana)	63
글루코오스(glucose)	73, 75, 145
글리세롤	106, 133
글리코겐(glycogen)	146
글리코칼릭스	139
기질(基質)	51, 176
기질특이성(基質特異性)	176
기초대사(基礎代謝)	121

●●<ㄴ>●●

나쁜 역할 콜레스테롤   114
농도기울기(濃度句配)   69, 91
뉴클레오시드(nucleoside)   219
뉴클레오티드(nucleotide)   219
뉴클레인(nuclein)   218

●●<ㄷ>●●

다당(多糖)   146
다세포생물(多細胞生物)   29
단당(單糖)   145
단백질   33, 165
단백질 분해효소   178
단백질의 구조   168
단백질의 역할   166
단세포생물(單細胞生物)   29
당 사슬(糖鎖)   140
당신생(糖新生)   44
당의(糖衣)   139
당전이효소(糖轉移酵素)   183
당지질(糖脂質)   105, 108
당질(糖質)   38, 74, 139
대사(代謝)   34, 43, 52
동맥경화(動脈硬化)   117
동화(同化)   52
디옥시리보오스 핵산   217
디옥시리보오스(dioxyribose)   221

●●<ㄹ>●●

라인위버-버크(Lineweaver-Burk)의 역수
  플롯(plot)   197
락토오스(lactose)   75
렉틴 블로팅(lectin blotting)   250
렙틴   123
리보 핵산(ribonuleic acid : RNA)   217
리보오스(ribose)   221
리보자임(ribozyme)   240
리보좀(ribosome)   237
리포 단백질 리파아제   126
리포 단백질(lipoprotein)   114, 115

●●<ㅁ>●●

말로닐(malonyl) CoA   130
매크로파지(macrophage)   118
메신저(messenger) RNA(mRNA)   236
명반응   64, 65
물질대사(物質代謝)   34, 52
물질순환(物質循環)   56, 57
미오글로빈(myoglobin)   174
미카엘리스 상수   192, 194
미카엘리스-멘텐(Michaelis-Menten) 식   194
미토콘드리아(mitochondria)   31

●●<ㅂ>●●

반응생성물(反應生成物)   176
반응속도(反應速度)   192
반응장벽(反應障壁)   190
번역(飜譯)   217, 235
복제(複製)   225
불포화지방산(不飽和脂肪酸)   110
불포화탄소(不飽和炭素)   110
비경쟁적 저해(非競爭的沮害)   208
비만(肥滿)   120

●●<ㅅ>●●

사차구조(四次構造)   175
산화환원(酸化還元)   51
삼대영양소(三大營養素)   104
삼차구조(三次構造)   174
상보성(相補性)   225
생체고분자(生體高分子)   50
생태계(生態系)   55
서브유닛(subunit)   175
섭취 에너지   120
세포(細胞)   30
세포막(細胞膜)   30

세포 소기관(細胞小器官)	30
세포질(細胞質)	30
세포호흡	52, 79
센스(sense) 사슬	236
셀룰로오스(cellulose)	156
소당(少糖)	145
소비 에너지	121
소수성(疎水性)	107
소포체(小胞體)	31
수산기(水酸基)	76
수소수용체(水素水溶體)	68
수크로오스(sucrose)	75, 145
스테로이드(steroid)	105, 111
스테로이드 골격	111
스트로마(stroma)	71
스플라이싱(splising)	241
시토신(cytosine)	220
시토크롬 b6-f 복합체	66, 69
시트르산 회로	80, 85, 129

●●●<ㅇ>●●●

아데노신3인산	36, 70, 96
아데노신2인산	70, 97
아데노신1인산	221
아로스텔릭 효소	210
아미노산	41, 169
아미노산의 구조	169
아밀로오스	150, 152
아밀로펙틴	150, 152
아세틸	129
아포단백질	115
안티센스 사슬	236
알데히드기	75, 98
알도오스	98
암반응	65, 71
양친매성(兩親媒性)	107
에너지	36, 44
에너지대사(代謝)	52

엑손	241
염기(鹽基)	219
염기서열(鹽基序列)	233
염기촉매(鹽基觸媒)	230
엽록체(葉綠體)	31, 63
올리고당(糖)	145
외호흡(外呼吸)	52, 79
우라실	220
원심분리(遠心分離)	251
웨스턴 블로팅	249
유리(遊離) 클레스테롤	115
유전자(遺傳子)	33, 216, 232
이당(二糖)	145
이산화탄소 고정반응(炭酸固定反應)	65
이중결합(二重結合)	110
이차구조(二次構造)	173
이화(異化)	52
인산화(燐酸化)	70
인슐린	122
인지질(燐脂質)	30, 105, 107, 115
인트론	241
인슐린 수용체(受容體)	122
일차구조(一次構造)	172

●●●<ㅈ>●●●

자기 스플라이싱(自己 splicing)	241
자당(蔗糖 : 수크로오스)	75
재조합 DNA 기술	244
저해제(沮害劑)	207
전기영동(電氣泳動)	249
전분(澱粉)	75
전사(轉寫)	217, 235
전이효소(轉移酵素)	181, 182
전자전달계(電子傳達系)	66, 80, 88
젖당(乳糖 : 락토오스)	75
중성지방(中性脂肪)	105, 106
중성지질(中性脂質)	105, 106
지방(脂肪)	105

지방산(脂肪酸)	106, 109, 133
지질(脂質)	105
지질이중막(脂質二重膜)	30
사슬구조	75

●●●<ㅊ>●●●

착한 역할 콜레스테롤	114
촉매(觸媒)	189
최대반응속도(最大反應速度)	192, 193
친수성(親水性)	107
친화성(親和性)	195

●●●<ㅋ>●●●

카르복시기(基)	109
카일로 마이크론	115
칼럼 크로마토그래피	247
케토오스(ketose)	98
코돈(codon)	238
콜레스테롤(cholesterol)	104, 111
콜레스테롤 에스테르(cholesterolester)	115
크렙스(Krebs) 회로	80
클로로필	63, 65
클로로필 단백질 복합체	66

●●●<ㅌ>●●●

탄소(炭素)	50, 57
탄소순환(炭素循環)	59
탄수화물(炭水化物)	74
트랜스퍼 RNA(tRNA)	238
트리아실글리세롤	106, 127, 133
티민(thymin)	220
틸라코이드(thylakoid)	63, 65

●●●<ㅍ>●●●

팔미트산(palmitic acid)	131

펩신(pepsin)	176
펩티드 결합(peptide bond)	169
포도당	72, 73, 75
포스포디에스테르(phosphodiester) 결합	228
폴리뉴클레오티드(polynucleotide)	223
폴리펩티드(polypeptide) 사슬	172
푸라노오스(furanose)	98
푸코오스(fucose)	141
퓨린(purine) 염기	220
프룩토오스(fructose)	75, 145
피라노오스(pyranose)	98
피루브산(pyruvic acid)	44
피리미딘(pyrimidine) 염기	220

●●●<ㅎ>●●●

해당(解糖)	44
해당과정(解糖過程)	80, 82
핵(核)	30, 31
핵산(核酸)	216
헤모글로빈(hemoglobin)	175
혈액형(血液型)	138, 183
호흡(呼吸)	52, 79
화학결합(化學結合)	50
화학반응(化學反應)	47
환상구조(環狀構造)	75
활성(活性)	192
활성화 에너지	190
활성화 장벽(活性化障壁)	190
효소(酵素)	51, 167
효소단백질	167
효소반응의 측정	251
효소·기질 복합체	176
효소의 분류	180
효소의 작용	176
효소활성	192

▶저자약력◀

Masaharu Takemura (武村 政春)
현재 : 동경이과대학 부교수, 의학박사
전문분야 : 분자생물학, 생명과학

▶주요저서◀

マンガでわかる分子生物學(オーム社)
一反木綿から始める生物學(ソフトバンククリエイティブ)
人間のための一般生物學(裳華房)
脫ＤＮＡ宣言(新潮社)
生命のセントラルドグマ(講談社)
ＤＮＡの複製と變容(新思索社) 외 다수

▶제작◀

오피스 sawa
2006년 설립. 의료, 컴퓨터, 교육 계통의 실용서와 광고를 다수 제작.
일러스트와 만화를 많이 이용한 매뉴얼, 참고서, 판촉물 제작 등을 특기로 하고 있다.
e-mail : office-sawa@sn.main.jp

▶시나리오◀

Sawako Sawada(澤田佐和子)

▶작화◀

Yaro Kiku(菊野郎)

만화로 쉽게 배우는 생화학

원제 : マンガでわかる 生化学

2009. 10. 15. 초 판 1쇄 발행
2013. 5. 23. 초 판 3쇄 발행
2015. 9. 10. 초 판 4쇄 발행
2019. 1. 25. 초 판 5쇄 발행
2020. 8. 7. 초 판 6쇄 발행
2024. 9. 11. 초 판 7쇄 발행

지은이 | 다케무라 마사하루(武村 政春)
그 림 | 키쿠 야로(菊野郎)
역 자 | 김성훈
감 역 | 오현선
제 작 | Office sawa
펴낸이 | 이종춘
펴낸곳 | BM ㈜도서출판 성안당

주소 |
04032 서울시 마포구 양화로 127 첨단빌딩 3층(출판기획 R&D 센터)
10881 경기도 파주시 문발로 112 파주 출판 문화도시(제작 및 물류)

전화 | 02) 3142-0036
       031) 950-6300
팩스 | 031) 955-0510
등록 | 1973. 2. 1. 제406-2005-000046호
출판사 홈페이지 | www.cyber.co.kr
ISBN | 978-89-315-7424-1 (13470)
정가 | 18,000원

이 책을 만든 사람들
책임 | 최옥현
진행 | 정지현
전산편집 | 김인환
표지 디자인 | 박원석
홍보 | 김계향, 임진성, 김주승, 최정민
국제부 | 이선민, 조혜란
마케팅 | 구본철, 차정욱, 오영일, 나진호, 강호묵
마케팅 지원 | 장상범
제작 | 김유석

성안당 Web 사이트

이 책은 Ohmsha와 BM ㈜도서출판 성안당의 저작권 협약에 의해 공동 출판된 서적으로, BM ㈜도서출판 성안당 발행인의 서면 동의 없이는 이 책의 어느 부분도 재제본하거나 재생 시스템을 사용한 복제, 보관, 전기적·기계적 복사, DTP의 도움, 녹음 또는 향후 개발될 어떠한 복제 매체를 통해서도 전용할 수 없습니다.

■ 도서 A/S 안내

성안당에서 발행하는 모든 도서는 저자와 출판사, 그리고 독자가 함께 만들어 나갑니다.
좋은 책을 펴내기 위해 많은 노력을 기울이고 있습니다. 혹시라도 내용상의 오류나 오탈자 등이 발견되면 **"좋은 책은 나라의 보배"**로서 우리 모두가 함께 만들어 간다는 마음으로 연락주시기 바랍니다. 수정 보완하여 더 나은 책이 되도록 최선을 다하겠습니다.
성안당은 늘 독자 여러분들의 소중한 의견을 기다리고 있습니다. 좋은 의견을 보내주시는 분께는 성안당 쇼핑몰의 포인트(3,000포인트)를 적립해 드립니다.

잘못 만들어진 책이나 부록 등이 파손된 경우에는 교환해 드립니다.

대사의 개략도

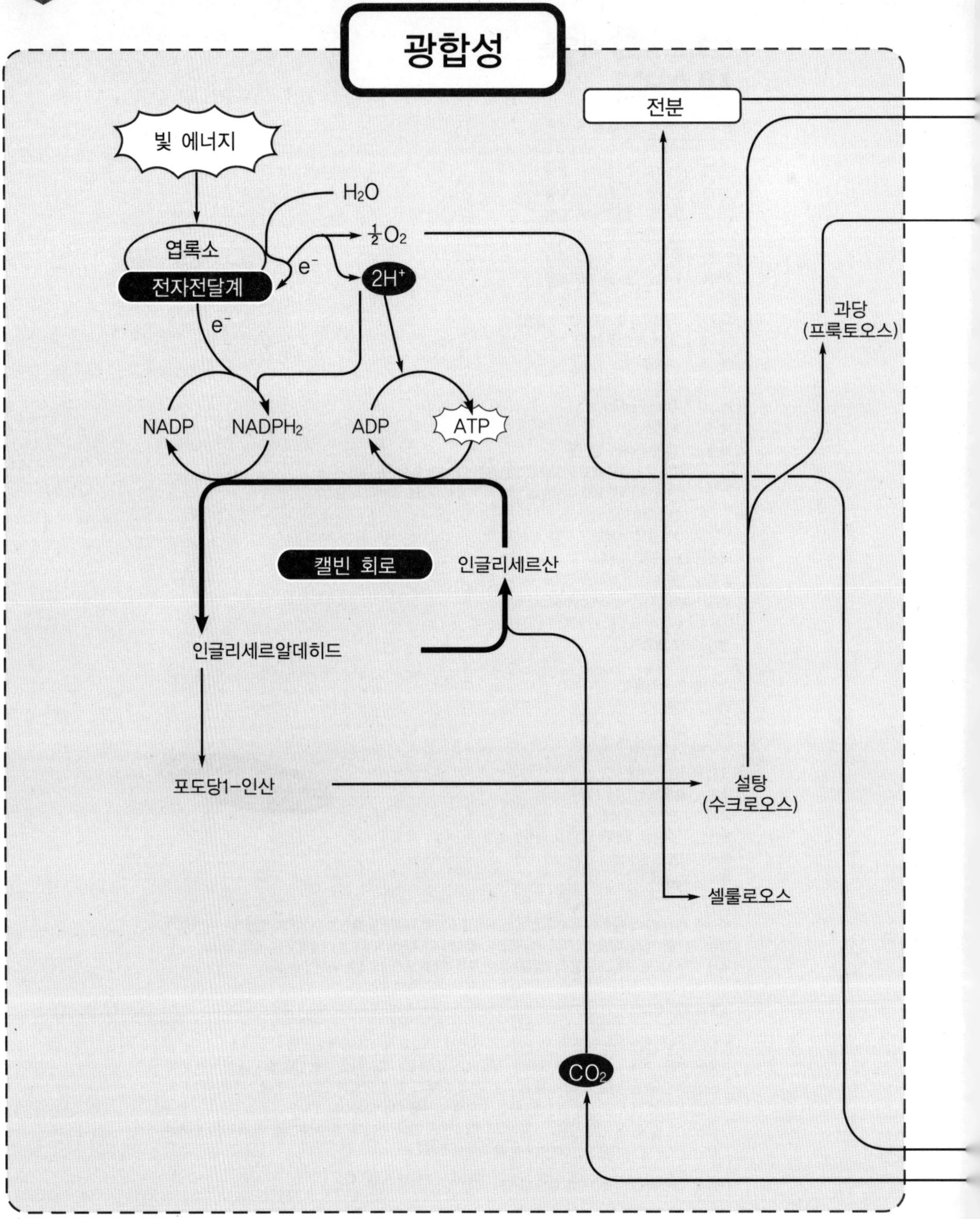

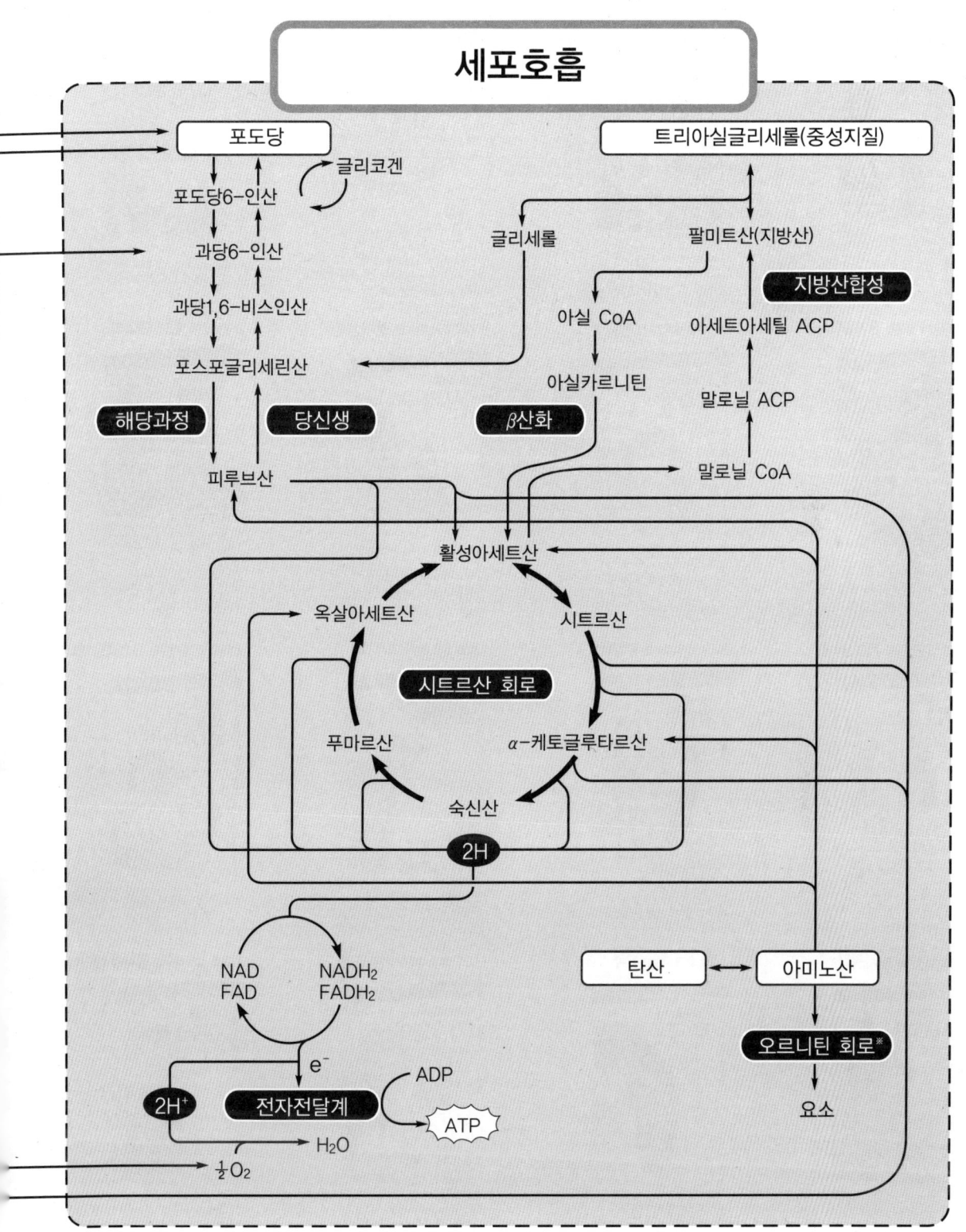

※는 이 책에서 언급하고 있지 않지만, 관련된 중요 대사경로이므로 게재했습니다.

만화로 쉽게 배우는 시리즈

만화로 쉽게 배우는 **반도체**

시부야 미치오 지음
강창수 번역
196쪽 / 18,000원

만화로 쉽게 배우는 **CPU**

시부야 미치오 지음
최수진 번역
260쪽 / 18,000원

만화로 쉽게 배우는 **암호**

미타니 마사아키, 사토 신이치 지음
이민섭 감역 / 박인용, 이재원 번역
240쪽 / 17,000원

만화로 쉽게 배우는 **머신러닝**

아라키 마사히로 지음
이강덕 감역 / 김정아 번역
216쪽 / 15,000원

만화로 쉽게 배우는 **유기화학**

하세가와 토시오 지음
조민진 감역 / 신미성 번역
208쪽 / 18,000원

만화로 쉽게 배우는 **생화학**

다케무라 마사하루 지음
오현선 감역 / 김성훈 번역
272쪽 / 18,000원

만화로 쉽게 배우는 **분자생물학**

다케무라 마사하루 지음
조현수 감역 / 박인용 번역
244쪽 / 17,000원

만화로 쉽게 배우는 **면역학**

가와모토 히로시 지음
임웅 감역 / 김선숙 번역
272쪽 / 17,000원

만화로 쉽게 배우는 **기초생리학**

다나카 에쓰로 지음
김소라 번역
232쪽 / 17,000원

만화로 쉽게 배우는 **영양학**

소노다 마사루 지음
한규상 감역 / 신미성 번역
212쪽 / 17,000원

만화로 쉽게 배우는 **약리학**

에다가와 요시쿠니 지음
김영진 번역
240쪽 / 18,000원

만화로 쉽게 배우는 **프로젝트 매니지먼트**

히로카네 오사무 지음
김소라 번역
208쪽 / 18,000원

만화로 쉽게 배우는 **사회학**

구리타 노부요시 지음
이태원 번역
218쪽 / 16,000원

만화로 쉽게 배우는 **우주**

이시카와 켄지 지음
이태원 감역 / 양나경 번역
248쪽 / 16,000원

만화로 쉽게 배우는 **기술영어**

사카모토 마키 지음
박조환 감역 / 김선숙 번역
240쪽 / 16,000원

만화로 쉽게 배우는 **전파와 레이더**

나카츠카 고키, 노자키 히로시 지음
이중호 감역 / 김선숙 번역
240쪽 / 17,000원

※정가는 변동될 수 있습니다.

Bio Chemistry
―― 만화로 쉽게 배우는 생화학 ――